SUPERサイエンス

目にやさしい 大活字

錬金術をめぐる人類の戦い

名古屋工業大学名誉教授
齋藤勝裕
Saito Katsuhiro

C&R研究所

■本書について

● 本書は、2024年9月時点の情報をもとに執筆しています。

●本書の内容に関するお問い合わせについて

この度はC&R研究所の書籍をお買いあげいただきましてありがとうございます。本書の内容に関するお問い合わせは、「書名」「該当するページ番号」「返信先」を必ず明記の上、C&R研究所のホームページ（https://www.c-r.com/）の右上の「お問い合わせ」をクリックし、専用フォームからお送りいただくか、FAXまたは郵送で次の宛先までお送りください。お電話でのお問い合わせや本書の内容とは直接的に関係のない事柄に関するご質問にはお答えできませんので、あらかじめご了承ください。

〒950-3122　新潟市北区西名目所4083-6
株式会社C&R研究所　編集部
FAX 025-258-2801
『SUPERサイエンス 錬金術をめぐる人類の戦い』サポート係

はじめに

金は美しい金属です。金色に輝いてずっしりと重く、そのうえ、錆びることもなく、溶けることもなく、何千年も変わることはありません。歴史を通じて有名な王侯が所有し、その身と邸宅を飾りました。その歴史は今も変わらず、金は相変わらず高価で贅沢な金属として君臨しています。

金は少ない金属です。この希少で高価な金属を所有したいと願う人はたくさんいます。そのような願望を叶えようとした科学者を錬金術師といいます。しかし、卑金属を貴金属に変えようとの願いは叶うことがなく、いつしか錬金術師は「できないことをできる」と言って他人を騙すペテン師とのレッテルが貼られてしまいました。

しかし、歴史が流れて現代に至って、実は卑金属を貴金属に変えることは可能なのだということが明らかになりました。つまり錬金術師たちはペテン師などではなく、まじめな科学者でありながら、当時の科学水準が低かっただけだったということが明らかとなったのです。

本書は金を巡る興味ある話と同時に、その金をつくろうとした錬金術師の真実を歴史的背景から探ろうとしたものです。きっと、「エッ？　まさか！」と思う話に遭遇するものと思います。楽しみにお読みください。

2024年9月

齋藤勝裕

CONTENTS

CONTENTS

CONTENTS

Chapter 7 日本史と金

Chapter. 1
人はなぜ金に魅せられるのか

SECTION 01

黄金の魅力

「金《きん》」「黄金《おうごん》」「こがね」「ゴールド」などと金（元素記号Au）にはいろいろな呼び方はありますが、どう呼んでも豊かでリッチで輝かしい響きを持っています。いうまでもなく金は金属です。

金属の中には特有の色を持っているものがあります。銅Cuは赤いですし、鉛Pbは灰青色です。鉄Feは放置すると錆びて表面が黒くなります。そのため、昔の日本ではこれらの金属をそれぞれ「赤がね」、「青がね」、「黒がね」などと呼びました。しかし、銀Agにしろ、錫Snにしろ、多くの金属は白色です。黒い鉄だって表面を削れば内部は白いです。ところが、金だけは表面も内部も黄色です。それもただの黄色ではありません。目もまばゆい程の輝きを持っています。しかもその輝きは曇ることがありません。

銅と亜鉛Znの合金である真鍮《しんちゅう》も黄色で、磨けば金のように輝きます。しかし、すぐに輝きを失って黄色く曇ってしまいます。まったく金は特別です。しかも金は手に持つとずっしりと重い金属です。当然です。鉄の比重は8足らずですが、金は19以上もあります。こんなに重い金属は白金Pt(プラチナ)(比重21)を除けばいくつもありません。

黄色に燦然と輝いて、ずっしりと手に重い金が尊ばれるのがわかります。金のこの不変の魅力はどこにあるのでしょうか?

美しさ

金に感じる魅力は人によって変わるでしょうが、間違いなくその1つは美しさにあるといっていいでしょう。金は身を飾る宝飾品、ジュエリーとしても最高の素材の1つであり、ネックレスや指輪、眼鏡の縁などとし

て身近ですが、その輝きはあらゆる金属の中でも最高の華やかさをもっています。その美しさは人類を魅了し、歴史の中でもさまざまな権力者が黄金の魅力に取りつかれました。そして、金を獲得するために世界を揺るがしてきたのは歴史が語るところです。

不変性

金の美しさは変わることがありません。銀も銅も鉄も、空気中に長く置くと酸化などの化学反応を起こして変化します。しかし、金は長く空気中や水中に置いても酸化や変化をしません。つまり錆びることも腐ることもなく、金の輝きを永遠に保つことができる高

い耐性を持っています。

古代エジプトのツタンカーメン王のマスクが何千年もの間、黄金の輝きを保っているのは、この不変性があるためです。命に限りある人間は、いつかは年老いてこの世を去ります。それだけに永遠に変わらない金に対して畏敬にも似た憧れを感じるのかもしれません。

希少性

有史以前からその価値を認められてきた金ですが、人類が金を採掘し始めて現代に至るまでに採掘した量は、オリンピックに使用される競泳プールの約3・8杯分程度しかありません。

そのうえ、地殻に埋蔵されている金の3分の2はすでに採掘し終わっているといわれます。残りの金は限られた量しかないのです。金の価値はこれから先、ますます高騰することはあっても下降することはないものと考えられます。

優れた換金性

これは金自体の魅力というより、現代経済という人間の作った社会体制の中での魅力ということになりますが、世界中で共通した価値基準を持ち、世界中で流通している金は換金性に優れていて、いつでもお金に変えることができます。ある種の人々にとってはこの換金性こそが金の主な魅力になっているのかもしれません。

換金できる金の重量も幅広く、特別な理由がない限り、１gから１kg程度ならその場ですぐに、まるでお金のように買ったり売ったりすることができます。そのため、目的に合わせて購入や売却が容易に行えるのです。その上、紙でできた紙幣と違って、少々の火事なら燃えてなくなることもありません。

SECTION 02

古代文明と黄金

人間が金に魅力を感じるようになったのがいつのことかは明らかでありませんが、金は人間が文明を持つ以前から人々を魅了し続けてきたのではないでしょうか？

古代エジプト文明

金は、紀元前３０００年の古代エジプト時代から、人々を魅了し続けてきました。純金の美しさ自体に価値が見出されていたのはもちろん、古代エジプトでは、太陽神ラーと黄金の持つ輝きが結び付けられ、宗教上からも非常に重要な金属と位置付けられてきました。

古代文明の中でも特に金を多用したことで知られるのが、紀元前３０００年頃から約３０００年間にわたって栄えた古代エジプト文明です。太陽を神ラーと崇めていた古代エジプトでは、金はラーの一部だと考えられており、非常に重要視されていました。それだけに、王族が関係する祭事や魔除けのまじない道具として使われていたとされ、当時を生きた人々と金の関係を語る上で欠かせません。ファラオ(王)たちは金製品を所有し、身に着けることで、自身の富と権力をアピールするだけでなく、自分と神の親近性を人々に植え付けたのでしょう。実際に、古代エジプト時代の重要な儀式や祭祀などが行われていた場所では、金製品が見つかっています。

当時のエジプトでは「人は死後、神々の住む世界で生き返る」と信じられていました。そのため、ファラオたちは死後も生前と同じ豊かな生活ができるようにと願って、自らの墓に身の回りの品々や神への貢ぎ物とともに大量の金製品を入れることを選んだのだと考えられています。

ツタンカーメンの副葬品

1922年、考古学者ハワード・カーターによって発見されたツタンカーメン王の墓からは、副葬品としてたくさんの金製品が見つかりました。

ツタンカーメン（紀元前1341年頃～紀元前1323年頃）は古代エジプトの第18王朝・第12代目のファラオで、父の死後、わずか9歳で即位しましたが、18歳ほどの若さで亡くなったといわれています。古代エジプト王朝の王の墓は軒並み盗掘にあっており、埋葬当時の様子を留める墓はほとんどないのですが、ツタンカーメンの墓だけは例外的に無傷で残り、そのため、墓の中からは金製品を含む約5000点もの埋葬品が発見されたのでした。

ツタンカーメンの時代のエジプトは宗教改革の真っ只中にあったのですが、それでもこれだけの金製の副葬品が埋葬さ

●ハワード・カーターによって発見されたツタンカーメン王の墓

れたというのは、若い王がそれだけ人々から愛され、尊敬されていたことの証ではないでしょうか？

ツタンカーメンのマスク

１９２２年、ルクソールにある古代エジプトの葬祭地「王家の谷」で発掘されたツタンカーメンの墓は息を飲むほど立派なものでした。黄金のマスクをつけたミイラが納められていた人型の棺も、非常に豪華なものでした。

棺は３重になっていて、もっとも内側の棺（長さ約１９０㎝）には、ほぼ純金に近い金がなんと１１０㎏も使われています。外側の２つの棺と棺が入っていた４つの厨子（ずし）は木製ですが、すべて表面に金箔が施されています。さらにミイラの首～腹にかけては、すべてデザインの異なる彫金の胸飾りが35個も、布に包まれて納められていたそうです。

埋葬品のうちもっともよく知られているのが、ミイラに直接かぶせられていた「黄金のマスク」です。高さ54㎝、肩幅39・３㎝、総重量が11㎏もある黄金のマスクは、厚さ

2・5㎜〜3㎜のほぼ純金の延べ板を数枚つなぎ合わせて作られたもので、宝石の水晶やラピスラズリなどで美しく彩色されています。

金の価格は2024年9月現在、1g約1万2000円以上ですから11㎏の金の価格は約13億円ほどですが、マスクの価値は金だけで測られるものではなく、その歴史的価値を含めれば300兆円とする試算もあるそうです。

金の加工

マスクの金にはわずかの量ですが他金属が混ぜられ、合金となってその彩りを

●ツタンカーメンのマスク

変えています。たとえば顔や胸の皮膚の部分には、他の部分よりもやや青みを帯びた白っぽい金が使われており、ツタンカーメン王のみずみずしい若さと美しさを表現しています。

この黄金マスクは、若いファラオが来世で使うためのものと信じられており、その豪華さは、ツタンカーメン王の力の象徴といえるでしょう。それと同時に、黄金マスクはファラオの死後に残された世界を、安寧に導くとも信じられており、信仰的な役割も果たしていました。

古代エジプトの金といえば、世界3大美女として知られるクレオパトラ7世の首飾りをイメージする方も多いのではないでしょうか。クレオパトラは美意識が高く、就寝時に金箔のパックを好んでしていたともいわれています。このように、美を保ち、象徴する役割としても、金を好んで利用されていたのがわかります。また金は、純粋な資産としても利用されていました。金のインゴットは、古代エジプト文明が発祥とされ、ドーナツのような形で作られていましたが、その形状はそのまま金を表す象形文字になっています。

金を愛したシュメール人

エジプト以外の古代文明においても金は重んじられ、主に権力階級の人たちによってさまざまな用途に使われてきました。たとえば世界最古の文明とされる「メソポタミア文明」を築いたシュメール人の古代都市ウル（現在のイラク）で発掘された、紀元前2600年頃の王墓（通称：ウルの王墓）からは、金で作られたイヤリングや頭飾りの他、楽器（ハープ）も発見されています。

数千年の時を経て、私たちが古代の人たちと金の関わりを知ることができるのは、金が当時のままの姿で残っているからです。金製品には当時の文明の最高の金属加工技術が集約されています。それだけに当時の文明の高さを知る良いバロメータになるはずです。しかし金はすべての民族に愛され、喜ばれました。そのため、戦争で民族が滅ぼされると、その金製品は次の民族に没収され、多くは鋳つぶされて金塊に戻り、次の民族の好みの製品に変形されてしまいます。つまり、繰り返し使用されるのです。そのため、古代文明の金製品は残らないというジレンマも起きてしまいます。これも金の絶対量が少ないからであり、考古学的には残念なことという以外ありません。

SECTION 03

埋もれ、隠れた文明と黄金

文明と呼ばれるものは古代文明と現代文明だけではありません。その間にたくさんの中小の文明が生まれ、滅んでいます。各々の文明は独自の文化を持ち、独自の美意識を持っていたことでしょう。このような文明もきっと優れた金製品を作り、愛していたことでしょうが、残念ながらその多くは失われてしまったようです。しかし、中にはほんの一部ですが、現代に引き継がれているものもあります。

インカ帝国

古代から近代にかけて、中米から南米の広大な地域にかけてはアステカ、マヤ、アンデスなどの文明が栄えました。世界史的に有名な古代文明はみな、大河の流域に発展しましたが、中南米にはそのような大河は存在しません。存在するのは高くて酸素の少ない高地の山岳地帯とわずかな湖です。このような地域に高度な文明が栄えるというのは不思議な気もしますが、それだけに外敵の侵入や襲撃が無かったのかもしれません。

これらの文明については未だ調査・研究中のこともあり、詳細には明らかになっていませんが、アンデス文明の最期を締めくくった強大な帝国、インカ帝国、特にその最後については細かなことが明らかになっています。

インカ帝国の最後

500年ほど前まで、現在の南米ペルーにはアンデス文明が栄えていました。そこでは広大で強大な文明を持った帝国が栄えていました。そこで栄えた帝国の1つにインカ帝国がありました。

ところが1532年、スペインのコンキスタドール(征服者)の軍人ピサロがインカ帝国にやってきました。しかしこのとき、インカ帝国はかなり弱体化していたといいます。その原因としては、インカ帝国で内戦が勃発したことや新たに征服された領土内に不安が広がったことが挙げられますが、それ以上にヨーロッパから中央アメリカを経て広まった天然痘の影響が大きかったと考えられています。

何の免役もないまま天然痘の猛威に晒されたインカの人々は、なすすべもないまま倒れ、この時点で全人口の60％以上、一説では90％が死んでいたといいます。

ピサロ隊の兵力は、わずか168名の兵士と大砲1門、馬27頭でしたが、銃で完全武装したピサロの騎兵は、技術面ではインカ軍に大きく勝りました。

インカ皇帝アタワルパは、兄との内戦に勝利し8万人の兵とともにカハマルカで休息中でしたが、ピサロとの会見に臨みました。しかし会見とはいっても両者は言葉が通じません。通訳はいても、その技量は十分ではありません。会見の途中でスペイン人たちは苛立ち、皇帝の随行者を攻撃し、皇帝アタワルパを人質として捕らえてしまったのです。

インカの宝物

捕らえられた皇帝アタワルパはピサロに、幽閉されていた大部屋1杯分の金と2杯分の銀を提供して釈放を要求しました。しかし、ピサロはこの身代金が実現しても約束を否定し釈放を拒否し、1533年7月にアタワルパを処刑してしまいました。

アタワルパ釈放のために集められた金銀製品は残らずスペインに運ばれ、鋳つぶされて金塊とされました。このようにしてインカの金・銀製品の主なものは消えてなくなってしまったのです。なお、このとき銀製品以外に白い金属製品があったといいます。しかしこの金属は融点が高く、当時のスペインの技術では融かすことができなかったので、不用品として廃棄されたといいます。しかし、後にこの白い金属はプラチナ(白金)だったということが明らかになりました。

それでは、インカにはプラチナを融かすほどの高温(1769℃、金の融点＝1064℃)を操る技術があったのかというと、必ずしもそうではありません。紛体焼結という技術があります。白金をヤスリで削って粉にします。それを固めて高熱にすると、融点以下の温度で固まって固体になるのです。

古代エジプトに「テーベの小箱」といわれる10㎝角ほどの小箱があります。これは金とプラチナでできていますが、このプラチナ部分は紛体焼結で形成されたものと考えられています。

トラキア文明と黄金

紀元前5000~3000年頃、現在のブルガリア地方周辺で生まれたのがトラキア文明です。周辺で栄えていたペルシャ文明やギリシア文明と交流しながら作った、トラキア人独自の文明となっています。トロイ人とアカイア人の間で起こり、トロイの木馬で有名なトロイ戦争にも参戦したトラキア人たちは、精巧な金属加工技術を持ち、戦争時は、金の装飾が施されたきらびやかな鎧を身に着け、馬にも金の装飾を施すなど、独特の黄金文明を築いた部族でした。

一説によると、トラキア文明に文字は存在せず、戦ばかりを行っていたとされていますが、実は金の産地としても知られていました。そのため、高度な金の精錬技術や加工技術があり、さまざまな黄金製品が生まれていたことから、トラキア文明は「黄金文明」と呼ばれています。トラキア人にとって、輝き続ける金製品は永遠の魂を象徴する存在だったと考えられていたのでしょう。

トラキアの金製品

実際に1972年には、ブルガリア東部にあるヴァルナ集団墓地の遺跡から、王笏《おうしゃく》と呼ばれる杖や動物をかたどったリュトンと呼ばれる杯《さかずき》、高度な装飾が施された金のイヤリング・指輪・ネックレスなどの装飾品といった金製品が数kgも発見されました。2004年にはトラキア王が使っていたとされる黄金の仮面も発見されています。この黄金の仮面は重量672gもの荘厳なマスクで、世界中で見つかったマスクの中で一番重いといわれ、世界的にみても貴重な出土品となっています。このことから、トラキア文明ではすでに社会的身分を示す手段として金が用いられていたことがわかります。

●トラキアの金製品

出典：http://www.imagesfrombulgaria.com/

SECTION 04

日本古代文明と黄金

日本の古代史は縄文時代から始まります。縄文時代は、一説では1万6000年前に遡るといいます。エジプトにしろ、メソポタミアにしろ、世界の古代文明はせいぜい4000~5000年前のものですから、1万6000年前に縄文時代という文明が栄えていたとしたら、大したものです。

縄文時代

しかし、縄文時代の遺跡は日本全国にたくさん残っていますが、残念ながら文明というには原始的過ぎるという感じがし、遺物も掘立小屋程度の遺跡と石器、土器にすぎず、金属製品は鉄製品は勿論、青銅器も金製品も発掘されていません。

これは寂しいことのようですが、実はたいへんに幸せなことだったのかもしれません。縄文時代は、遺跡から見る限り、大きな戦争の跡はありません。まだ金属が発見されていない時代ですから、武器といっても石器と棍棒くらいのものしかありません。これでは小さい喧嘩や争い程度はあったにしても、大きな戦争など起こりようが無かったのかもしれません。縄文の人々は争うことをせず、貝や骨で身を飾り、貝や栗を拾って食べて平和に幸福に暮らしていたのでしょう。

古代ギリシアには争いのない平和な里の話が残っています。その里は「アルカディア」と呼ばれました。日本の「桃源郷」のようなものでしょう。縄文時代の日本はまさしくアルカディアだったのかもしれません。そして、縄文時代がそうだったのは、もしかしたら「誰も金を知らなかった」せいなのかもしれません。

もし誰かが金を知ったら、その金をたくさん欲しい、あるいは独り占めしようと考える人間が現れるのではないでしょうか？　そうなったら戦争はすぐ隣に迫っています。棍棒でだって殺人はできます。アルカディアは修羅の里に変貌するのではないでしょうか？

江戸時代以前の金山

では、日本における金の歴史はどのようになっているのでしょうか。

①日本で金が発見されたのは8世紀

平安時代の歴史書「続日本紀」によれば、日本で初めて金が発見されたのは749年のこととされています。現在の宮城県桶谷町周辺で金が発見されたのが始まりといわれています。実際に752年に建立された東大寺の大仏の金メッキには、約150kgもの金が用いられていることから、この時期にはすでに日本に金が存在していたといえます。

しかし、建立途中で金メッキに必要な金が不足したそうです。そこで金を確保するために遣唐使の派遣が検討されましたが、ちょうどその頃、偶然にも国内で金が発見されたのが宮城県の涌谷《わくや》鉱山といいます。大仏様のご利益というべきなのかもしれません。涌谷鉱山ではそれ以来、昭和の初めまで金の採掘が行われていたといいます。

② 鎌倉時代の金山

イタリアの探検家マルコポーロは日本を「黄金の国ジパング」と呼んだといいます。マルコポーロが生きていたのは13世紀の末、鎌倉時代です。そんな時代に日本にたくさん金鉱があったのでしょうか?

マルコポーロは実際にはイタリアの貿易商人でした。ベニスに住んでいて、生涯に「東方」には2回行きましたが、日本には来たことがなかったようです。「黄金の国ジパング」は、日本に行ったことのある中国、あるいは中国にやってきた日本人から聞いた話に想像を絡めながら執筆したものといわれています。

「東方見聞録」の中で、マルコポーロは、「ジパングは大量の金を産出し、宮殿などの建物は金でできている」と書いていますが、この金でできた宮殿とは平安時代の1124年に建てられた中尊寺金色堂だったといわれています。では、この金色堂で使われていた金はどこから来たのでしょうか?

昔、日本にあった金鉱山で最大のものは佐渡島の金鉱山ですが、佐渡金山が始まったのは1601年ですから、中尊寺金色堂に使われた金はそれよりも450年以上も前に存在していたことになります。

一説では、金色堂で使われた金は朝鮮半島を通って、大陸から持ち込まれたといわれていますが、金についての記録を見てみると、奈良時代に宮城県あたりで、約13kgの金を朝廷に献上したという記録が残っています。実際、当時東北地方には、涌谷金山の他にもいくつかの金山がありました。岩手県気仙沼には、玉山《たまやま》金山や茂倉《もぐら》金山という金山があって、中尊寺金色堂に使われた金は、これらの金山から集められたという説が有力です。その後、これらの金山は衰退し1671年に廃山になりました。

③ 藤原文化と「中尊寺金色堂」

中尊寺金色堂は、当時「奥州」と呼ばれていた東北地方の統制者だった藤原清衡《きよひら》が建てたものです。金箔をふんだんに使っているため、藤原清衡が自身の豪華絢爛ぶりを誇示するために建てたのではと思われがちですが、実際には、それまでの戦乱の世界を憂い、今後そのような禍がなく平和が続くようにとの願いのもとに建てられたといわれています。「金」が放つ柔らかい光が人の心を静めると考えたのでしょう。

残念なことには、藤原清衡も源頼朝に倒されてしまい、また、度重なる火災や戦乱により中尊寺の建物は破壊されてしまいました。しかし、この金色堂だけは覆堂《ふくどう》と呼ばれる、金色堂の周囲を囲むもう1つの建物により長い間保護されてきました。

④ **佐渡金山の発見と発展**

17世紀の東北地方の金山の廃山と前後して有名になったのが、2024年7月に世界文化遺産として登録された新潟県の佐渡金山です。佐渡金山は、1601年に山師により発見されましたが、閉鎖になったのが、1989年ですから、約390年の歴史を持っていることになります。この期間、何度も衰退・閉山の危機に晒されましたが、さまざまな試みを通して新しい採掘方法を開発し、あきらめなかったことが、佐渡金山の長い歴史

●中尊寺金色堂の覆堂

につながったといわれています。

佐渡金山は、発見直後、徳川家康の命令により幕府の直轄領に置かれ、金の本格的な採掘が始まりましたが、このときはもっとも簡単な方法である露天掘りによって採掘していました。

当時は佐渡金山の最盛期で、産出された金は年間４００kgでした。佐渡金山での金の採掘は江戸時代の終わりごろまで続き、その約２７０年間に総量41ｔの金を産出しました。これが徳川幕府の財政を支える大きな収入源になりました。

佐渡金山は江戸の花形金山でしたが、江戸時代の終わりごろから、徐々に衰退の兆しを見せ始めました。そのため明治

●佐渡金山

政府は、1869年に、西洋の技術を取り入れることにしました。導入した技術の主なものは、西洋式選鉱場と竪坑でした。新しい技術の導入により佐渡金山は、産出量を増やすことができたのでした。

1896年、佐渡金山は、三菱合資会社に払い下げられ、機械化による採掘が行われるようになりました。これにより、明治後期には産出量を江戸最盛期の年間400kgまで戻すことができるようになりました。佐渡金山の三菱による操業は、その後93年間続きましたが、金の産出量は年々減りつづけ、ついに1989年に閉鎖を余儀なくされました。佐渡金山は、1601年に金脈が発見されてから1989年に閉鎖されるまでの約390年間で、金78tを産出したことになります。まさに日本有数の金鉱山だったといえます。

⑤ 現在の日本の金の採掘量・埋蔵量

その後日本にあった他の金鉱山も徐々に衰退・閉山し、現在、日本で稼動している金鉱山は鹿児島県にある菱刈《ひしかり》鉱山のみとなっており、それも現在すでに埋蔵量の半分以上が採掘されているといわれます。ここでは金だけではなく銀も採掘されます。

現在の日本の金の推定埋蔵量は約260tといわれています。1985年以降、毎年7t程の金の採掘をしているのを考えると、あと30～40年で掘り尽くしてしまうことになります。

金鉱山以外では、日本近海に金鉱床が発見されていますが、技術的なことや、採掘のための莫大なコストの問題で採算の取れる採掘までには至っていません。

現在では都市鉱山(アーバンマイン)といわれる金鉱山があります。いわゆる宝飾品や家電製品などに使われている金のことですが、これは日本だけで約7000t、世界の金の埋蔵量の15％前後といわれています。ただしこれも回収コストの問題があり、金のリサイクルのメイン事業にまではなっていないといえます。しかし、近い将来都市鉱山や海の下の金鉱床も利用可能になるのではないでしょうか。

SECTION 05

近代文明とゴールドラッシュ

１８００年代に入ると、世界経済に影響を与える出来事が起きます。「世界的なゴールドラッシュ」と呼ばれるこの出来事は、アメリカ・カリフォルニア州で、ジェームズ・W・マーシャルが建設中の製材所の水路で金を発見したのをきっかけに始まったといわれています。しかし、ゴールドラッシュといわれる現象はアメリカだけでなく、世界各国で何回も生じています。

アメリカのゴールドラッシュ

アメリカ合衆国では、１７９９年にノースカロライナ州カバラス郡にある後のリード金鉱で発生したものが最初のゴールドラッシュとされています。30年後にはジョージア州でも発生し、１８４８年には特に有名なカリフォルニア・ゴールドラッシュがこれに続きました。その後、アラスカ州でも数回のゴールドラッシュが発生しています。

カリフォルニア・ゴールドラッシュでは世界中から多くの人々が、金採掘による一攫千金を夢見てカリフォルニア州に集まり、カリフォルニア州の人口は1年間に数万人単位で増加したといいます。また、多くの企業が金採掘にかかわったことで、採掘技術が発達し、金やその他の資源輸送のため、交通網も発展しました。

カリフォルニア州でもたらされた多くの金は、世界に好景気をもたらしたとされています。しかし、当初は川のほとりで採掘できた砂金はすぐに採取されつくし、やが

●カリフォルニア・ゴールドラッシュの広告

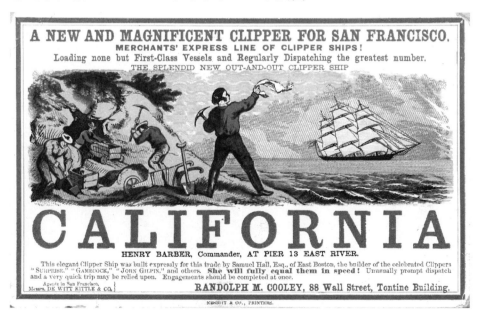

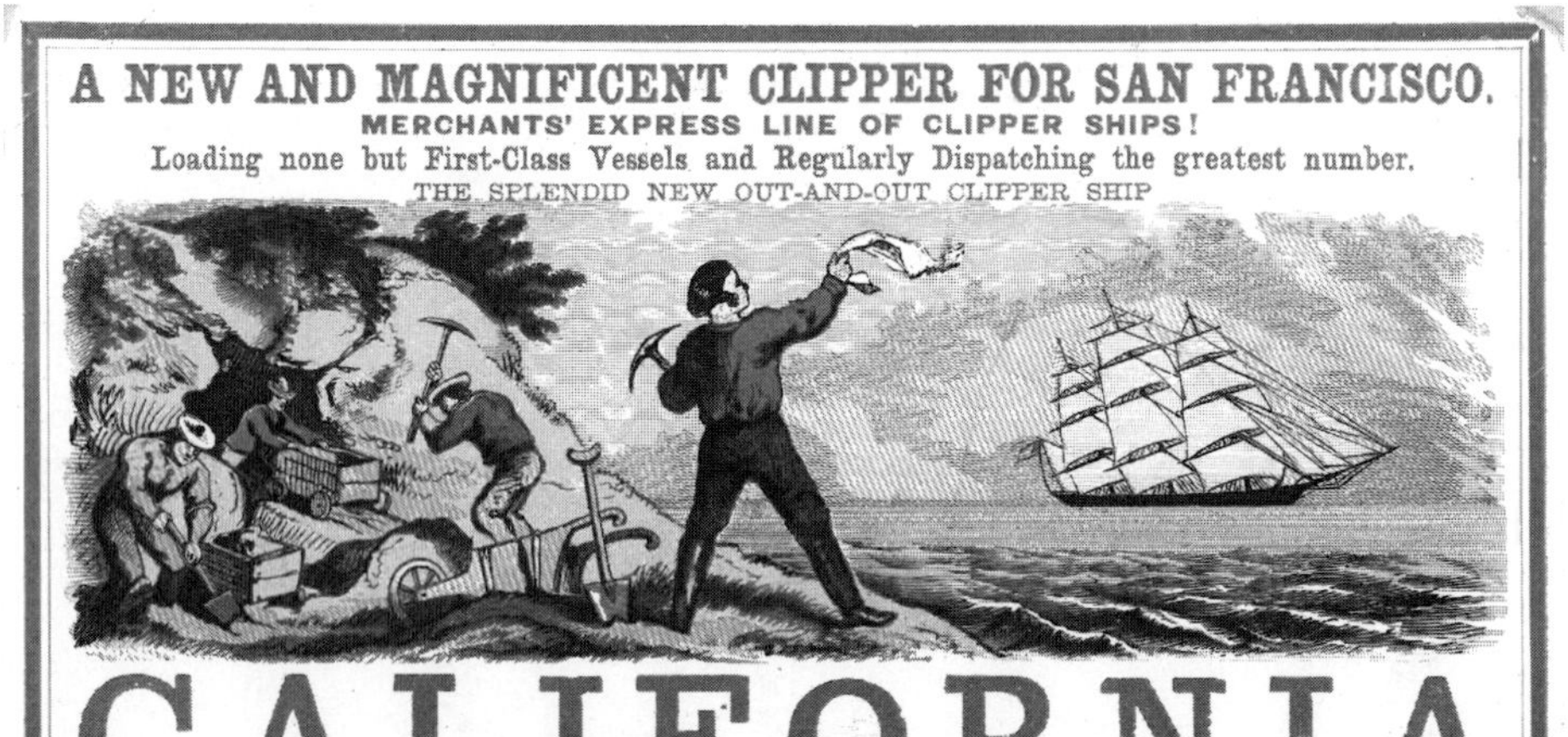

て大掛かりな機械仕掛けでないと十分な採掘はできない状態になりました。

こうなると有利なのは豊富な資力をもつ人だけです。このようなことで、実際に金採掘の恩恵を受けた人はごく一部に限られ、現地では多くの個人採掘者あるいは先住民に被害がおよび、環境汚染も発生したのでした。

世界各地のゴールドラッシュ

なお、一般的に、ゴールドラッシュといえばアメリカ・カリフォルニア州での出来事を指しますが、ゴールドラッシュはアメリカだけでなく、ブラジルやオーストラリア、チリでも起こりました。

①ブラジル

ポルトガル帝国植民地で起こった1690年のブラジル・ゴールドラッシュでは、40万人のポルトガル人と50万人の奴隷が鉱業地帯に移住しました。1817年にはクイアバ・ゴールドラッシュがあり、2000年代以降も奥地の金鉱では一攫千金を夢見て過酷な生活・労働環境下で働く金鉱採掘人がいます。

② **オーストラリア**

オーストラリアでのゴールドラッシュは、19世紀後半に複数回発生しています。有名なものとしては1851年に発生したニューサウスウェールズ州とビクトリア州のもの、1890年代の西オーストラリア州のものがあげられます。

③ **チリ**

チリのティエラ・デル・フエゴでは、1883年からゴールドラッシュが発生していますが、1884年にビルヘネス岬で座礁したフランスの蒸気船アークティキの救助に向かった部隊が、付近で金を発見したことによるとされることもあります。

Chapter. 2
錬金術師は詐欺師だったのか？

SECTION 06

錬金術とは

金属には金、銀、白金(プラチナ)Ptなどのように、美しくて、酸化も腐食もしにくく、しかも埋蔵量が少なくて高価な「貴金属」と、それ以外の鉄や鉛、錫《すず》Snなどの「卑金属」があります。

「錬金術」の「錬」は漢字の意味からいうと、金属を錬る、鍛錬のように鍛えるということを指します。ということで、「錬金」は鉱石を練り鍛えて貴金属である金を取り出すこと、あるいは、可能か不可能かはともかくとして、卑金属を練り鍛えて金にすることを意味します。ということで、「錬金術」とは鉱石や卑金属から

●錬金術師

「金」を取り出す「技術」あるいは「妖術?」ということになってしまいそうです。

一般的に理解されている「錬金術」の意味は、まったくその通りのようで、安価でたくさん存在する鉄や鉛のような「卑金属」を金銀、白金のような、希少で高価な「貴金属」に変える「怪しい妖術」、あるいは(できもしないのに)卑金属を金に変えると言って人を騙す「卑劣な詐欺術?」のような意味に取られがちです。

真の錬金術

しかし、本当の意味での錬金術は、そのようないかがわしいものとはまったく違った、崇高な哲学、あるいはまじめな倫理学なのです。つまり(卑金属でなく、人間の)「人格を金のような高貴なものにする」という意味をもった純粋で真面目な哲学、倫理学、科学的な思考体系だったのです。

それが一部の金銭目当ての、それこそ詐欺師のような「エセ錬金術師」たちのおかげで真面目な錬金術師たちまでもが変な目で見られるようになったのは、まったく持っていい迷惑であり、本物の錬金術師たちが気の毒としかいいようがありません。

とにかく錬金術師たちがいなかったら、現代化学という学問領域が存在しなかったことは確実です。最近、錬金術を見直そうとする研究が進展していますが、化学者の一端に連なる者としては研究の発展を祈るばかりです。

錬金術の起源

卑金属を精錬して金にし、金属に限らずさまざまな物質、人間の肉体や魂をも、より完全な存在に錬成しようとするのが錬金術です。このような錬金術の起源は遠く古代エジプトや古代ギリシアに求めることができます。古代エジプトのパピルス文書には、「金属を加えることで金や銀を増やす方法」などといった「まさしくこれぞ錬金術」と思わせるようなこと

●アリストテレス

も記されています。

錬金術は、古代エジプトから古代ギリシアを通ってイスラム文化圏のアラビアに伝わり、やがてヨーロッパを席巻しました。アリストテレスら古代ギリシアの哲学者は、万物は火・空気(もしくは風)・水・土の四元素から構成されていると考えました。この物質観は、中世アラビアのイスラム文化圏の錬金術に多大な影響をもたらしました。

12世紀に入ると、このイスラム文化圏で発展した錬金術がラテン語訳されたものがヨーロッパで盛んに研究され、ヨーロッパの科学の基礎を作るようになったのでした。

しかし、時がたつにつれて研究が盛んになる一方で、「人間がこうしたものを作り出すことは、神が創造した自然に反する傲慢なことではないのか?」という反対意見も多くなってきました。

エセ錬金術の横行

錬金術が一般的になると、それを利用して偽物の金や貴石、宝石を販売する詐欺も横行するようになりました。このような「エセ錬金術師」たちは、欲の皮の突っ張った地方の豪族や貴族を食い物にし、彼らに「金を作ってやるから」と言って館に泊まり込み、実験室を造らせ、実験室の設備費、維持費、研究費と称して多額のお金を巻き上げ、何の成果もあげないまま、いつか闇にまぎれて姿をくらますということをやっていました。

こうした風潮を懸念した法王ヨハネス22世は、1317年に錬金術を禁止しました。しかし、禁止令にもかかわらず、錬金術が衰退することはありませんでした。錬金術に対する反対意見がある一方で、「人間がその能力を駆使して新たなものを生み出すことは神への助力である」という説もあったのです。

錬金術と実験科学

いつの世でも同じことですが「説など屁理屈のようなもの」で、どうにでもいいくるめることができます。それができないのが自然現象に裏付けられた科学なのですが、当時はまだ実験科学の理念ができていなかったのです。いわば、「言った者勝ち」、あるいは「声の大きい者勝ち」のような状態だったのです。反省も学習もないといったらよいでしょうか?

錬金術師たちは、「多様な鉱物は本来一種類なのであり、複数の要因によって本質的な鉱物になったり、非本質的な鉱物になったりしているに過ぎない」と考えました。そして、「要因」は定まったものではなく、変更可能であるから鉱物の変成も可能であると考えたようです。

少し頭の働く人ならば、このような都合の良い自然摂理はすぐにも考えつくのですが、もう少し頭の良い人、あるいは当たり前の倫理観の持ち主ならば、このような理念がいかに都合の良いご都合主義のエセ摂理であるかもわかるはずです。しかし、当時のエセ錬金術師たちは、自分の考え出したご都合主義摂理に酔っていたのかもしれません。

このような考えから錬金術師たちは、大地の奥底で数千年掛かって低位の金属が高位の金属に変成する自然のプロセスを、人為的に加速させる技術があるに違いないと考え、研究に励むことになったようです。

SECTION 07

錬金術の技術的側面

錬金術は、現在ではあまりに低く見られています。まるで、人を騙して金品を巻き上げる悪徳詐欺師の手口教書のように考えている人もいるのではないでしょうか？　錬金術はそのようなマガイモノの学問ではありません。錬金術はエジプト、ギリシアの古代世界から、アラビア、ヨーロッパなど当時の最先端学術社会で隆盛を極め、多くの研究者、同調者を集めて成長し、大きな花を咲かせた一大学問分野なのです。

ただ、錬金術には現代科学と大きく異なった特長がありました。それは「科学的、技術的、実利的側面」と「哲学的、倫理的、宗教的側面」が非常に密接な関係で融合していたということです。

科学を学ぶ意味

現代の私たちは小学校時代から「算数」と「理科」として科学の基礎を学びます。科学の基礎は文系大学に入っても「一般教養」として授業科目に顔をならべています。なぜでしょうか？　スーパーで買い物をし、住宅ローンの残高を計算するのに微分・積分を使うでしょうか？　ご飯を炊き、トンカツと肉ジャガを作るのに、ベンゼンやトルエンの反応性の知識が必要でしょうか？　学校で科学を学ぶのは、そんな実利的な目的のためではありません。数学や化学を学ぶことによって、私たちの住む宇宙が数学で動いていることを理解し、物質は原子の結合が変化することで変容することを理解するためです。そして、そのような一見不必要な知識、知見は、将来降りかかってくるかもしれない「不合理な事象、現象に合理的に対処する能力」を身に付けるためなのです。

つまり、現代の科学もその背景には、人間としての能力の向上、人間性の涵養という崇高な目標を持っているのです。これは錬金術の精神と似ています。私たちは実利的な数学、科学を学びながら、その実は精神的な向上を図っているのです。このように考えると、錬金術において技術論という科学と精神論という哲学が分かち難く手をとりあっていたということが素直に理解できるのではないでしょうか？　そうでなければ、学校で微分、積分、有機、無機化学を学ぶ意味がどこにあるというのでしょう。

錬金術の技術的側面の起源

錬金術の起源はおそらく古代のメソポタミア、ギリシア、エジプト地方などの物理学、化学、生物学、医学・天文学、哲学など、さまざまな学問が集まって自然発生的にできたものでしょう。多分、初期は実用的な技術の集成だったのでしょうが、それに初期ギリシア哲学が加わって妙に難しくなり、後にアラビア人によって錬金術の形に発展し、ローマを通じてヨーロッパに広まったものと思われます。

古代エジプトでは実利学の科学技術が進歩していました。それにはエジプト独特のミイラ作りの風習が影響していました。ミイラを製造する過程で遺体の防臭や防腐のために香油や香料が必要だったからです。また、宝石加工や、着色、青銅など合金作成、鉱物変性の技術にも優れていました。

また、メソポタミア地方は技術としての錬金術の重要な基礎地となっています。当時のメソポタミア地方はエジプトに負けず技術が発展していたのです。

女性錬金術師の活躍

エジプトの都市アレクサンドリアでは錬金術の技術的側面である実験の技術的な発展がありましたが、この発展には女性が大きな貢献をしたといわれています。女性錬金術師は自宅の台所で、どこの家庭にでもある調理器具を用いて多くの実験を行ったとされています。考えてみれば、これは現代でも納得できることです。女性がキッチンで、何をしているのかを、つぶさに理解している男性は少ないのではないでしょうか? 多くの男性は、目の前に出された実験の結果、つまり「実験生成物=料理」を美味い、不味いのと言って食べているだけではないのでしょうか?

アラビアの科学

アレクサンドリアから錬金術の伝わったアラビアには、錬金術以外の学問も発展しており、多くの図書館や学校もありました。その知識を得るために地中海近隣の各国から学者たちがやって来ましたが、彼らの触れた知識、技術の中には当然錬金術が含まれていたことでしょう。そしてそれらの知識はイタリアのシチリアを通じてヨーロッパに流れ込んだのです。

そのような東洋文化への興味をヨーロッパに起こし、錬金術拡散の一翼を担ったのは、キリスト教によるエルサレム奪回で、実質としては東ローマ帝国の救援を目的として11世紀に結成された十字軍でした。

●十字軍

実利的思想

一方、多くの錬金術師たちは、取締りの対象となるような哲学的側面をサッパリと棄てて、錬金術を「黄金を作り出すための研究をする〝実用的な学問〟」と特化し、私利私欲に眼の眩んだ有権者、聖職者相手に活動を続けていきました。

当時は「黄金錬成だけを研究している錬金術だ」と言えば、明らかな邪教崇拝のない限り、教会もある程度は許容したようです。結果としては、この結果論的な考えが良かったのでしょう。16世紀になると、現代の化学につながる研究論文が出始めることになります。

魔女裁判

その一方、魔女という新たな問題が出現し、中性ヨーロッパは「魔女裁判」と「錬金術」という2つの暗い思想が席巻する時代となってしまいました。しかし、17世紀後半になるとデカルト哲学が力をつけてきて、錬金術が否定されることになります。つまり、デカルトの打ち出した近代的即物的合理主義が広がっていくにつれて、中途半端な観念論を引きずった錬金術は徐々に消えていくこととなります。

それでもこの時期にはまだ辛うじて錬金術師と呼べる人達が存在していましたが、彼らの多くは錬金術の化学部分のみを研究するようになり、後に化学と合一して本当の意味での化学者となっていったのでした。そして18世紀になると錬金術はほとんど消滅してしまうことになります。

SECTION 08

錬金術の哲学的側面

錬金術を、単に「安い卑金属」を「高い貴金属」に換えて一儲けをたくらむ妖術、詐欺術と思っては多くの真面目な錬金術師たちが浮かばれません。錬金術の究極の目的は「賢者の石」を発見、あるいは作成することなのです。

賢者の石こそは、卑金属を貴金属に練成することができるばかりでなく、それを持ってさえいれば、「普通の人間」でも「人格高邁な高貴な人間」に昇華することができるというのです。なにやら「南無阿弥陀仏」と唱えさえすれば善人はもとより、悪人も成仏できるという考えに似ているようです。

つまり、錬金術の最終目標は卑金属を金属にするなどという卑猥な目標ではなく、「人間を高貴にし」そのような人間の集まりである人間社会「高貴な世界」を作るという、プラトニックというか、フリーメイソン的理想論というか、とにかく高邁にして崇高な精神主義だったのです。金儲けの詐欺師集団とは似ても似つかない哲学者集団だったのです。

人間の昇華

キリスト教的な表現をすれば、錬金術を極めれば、人間を聖書でいうところの「原罪以前の人間(林檎を食べる前のアダムとイブ)」の状態に昇華させることができるというのです。そして究極的には、世界再生=宇宙全体の昇華が錬金術の目的であると信じられていたのです。この人間の昇華や世界再生、宇宙の昇華は錬金術のアルス=マグナ(大いなる秘法)と呼ばれ、錬金術師たちはその達成のために日夜鍛錬に励んだのでした。

いかがでしょうか? かつて人間の集団でこれだけ壮大にして高遠な目標を掲げた集団があったでしょうか。人格の陶冶を目標に努力を要求した科学研究があったでしょうか。現代科学の最終目標とは何なのでしょう? 現代科学者はそのような高邁なことを考えたことがあるのでしょうか?

肉体の救済

「賢者の石」の他にもう1つ、錬金術師たちが作ろうとしたものがありました。それは「エリクサー(錬金霊液)」と呼ばれる液体です。エリクサーは、賢者の石と同じように金属変成や病気治癒を可能にする霊薬なのだそうです。錬金術師の中にはエリクサーを開発し、瀕死の病人に飲ませて容態を回復させた人もいたといいます。飲まされた人はいい迷惑だったでしょうが、このように錬金術の知識を医学に応用し、人間の健康を守る薬を求めるのも錬金術の一部だったのです。

つまり本来の錬金術師とは怪しげな魔術師ではなく、「哲学者」や「賢者」や有能な「医師」などの代名詞といった意味合いも含んでいたのです。

SECTION 09

賢者の石

錬金術のわかりにくい哲学はさておいて、錬金術の当座の目標は「賢者の石」と「エリクサー」を作ることです。これさえあれば卑金属は金となり、愚者は賢者となり、病人は健康を手にすることができるのです。余計なことを考える必要はありません。「賢者の石」か「エリクサー」を早く作った人が勝ちです。それを王侯、貴族、豪族に売れば人生の勝者になれるのです。錬金術師たちの目標は定まりました。

賢者の石の作り方

錬金術における最大の目標は賢者の石を作り出す（あるいは見つけ出す）ことでしたが、錬金術の中で一番「訳がわからない」のはこの賢者の石の作り方です。賢者の石を作る技術は勿体ぶって「大いなる業」といわれていましたが、なんでも、「湿った道（湿潤法)」と「乾いた道(乾式法)」の2種類があるのだそうです。

①湿った道

「湿った道」は材料を「哲学者の卵」と呼ばれる、水晶でできた球形のフラスコに入れて密閉し、「アタノール」という炉で加熱する方法で、完成までには少なくとも40日を要するとされました。

②乾いた道

それに対して「乾いた道」は土製のるつぼだけを用いてわずか4日間で完成させるものです。そのため、実験を行う環境に恵まれなかった錬金術師たちが用いた製法でヨーロッパの錬金術において、もっともよく行われた方法といわれます。

いわれなくても、このような状態にあって誰が「湿った道」を選ぶでしょうか? 当然、両者の間では最終製品の品質に差が無ければ割に合わないと考えるのは「現代の資本主義的合理主義」とでもいうものに毒されているからなのでしょうか?

とにかくこの作業で、材料は作業が進展するにつれて、黒、白、赤と色を変えるのだそうです。賢者の石は、赤くてかなり重く、輝く粉末の姿で現れるとされました。この賢者の石を、水銀や熱して溶かした鉛や錫に入れると大量の貴金属に変化するのだそうです。赤い石は卑金属を金に、白い石は卑金属を銀に変えるとされます。

それにしても、誰がこの変化を目撃したのでしょうか? 残念ながら、賢者の石の製造に成功したという話は聞こえてきません。製造に成功していない賢者の石の生成過程を記述できるというのがそもそも自己矛盾なのですが、都合の悪いことはつつかないというのが錬金術師たちの礼儀だったのかもしれません。

SECTION 10

錬金術と科学・医学

　現代の先端科学者はともかく、一般の現代人にとって、卑金属を金に変えようとする錬金術師の試みは詐偽に等しい、いかがわしい思想、行動と思われます。しかし、歴史を通して見てみれば、錬金術は古代ギリシアの学問を応用、発展させたものであり、その時代においては正当な学問の一部であったのです。そして、他の学問同様、錬金術も実験を通して発展し、各種の発明、発見が生み出され、積み重ねられ、また旧説、旧原理は否定され、新しい原理・法則に置き換えられました。

　そのような新陳代謝の結果、現代の科学、化学が誕生したのです。これは歴代の錬金術師の貢献なくしてはありえなかったことといえるでしょう。

錬金術から科学へ

現代人の視点から見れば、卑金属を金に変性しようとする錬金術師の試みは実現するはずのない徒労として否定されます。しかし、歴史を通してみれば、錬金術は古代ギリシアの学問を応用したものであり、しかも、単に金属という物体の変遷を扱うもの以上に、人間の昇華を志す高邁な目的を持った哲学的学問の一部でした。そして、他の学問同様、錬金術も実験を通して発展し、各種の発明、発見を生み出し、最終的には科学である化学に生まれ変わりました。これは歴代の錬金術師の貢献なくしてはありえなかったことです。

錬金術師たちは、俗にイメージされるような、魔法使いやマッドサイエンティストのような身なり・生活をしていた人ばかりではありません。他のまっとうな(まじめな)職業を持ちながら錬金術の研究も行うといった人物も多く存在していました。たとえば、万有引力の発見で知られるニュートンも錬金術に深くかかわり、膨大な文献を残した一人です。最近、錬金術的世界観の再評価が行われているのは喜ばしいことといえるでしょう。

錬金術と化学

近代において成立し始めた化学は錬金術を非科学的として一方的に排斥しているわけでは決してありません。むしろ両者は分かち難く共存していたのです。後に歴史に名を遺す著名な化学者が、最初は錬金術師として活躍した例はたくさんあります。

錬金術師たちは、通俗な読み物にでてくるような魔法使いやマッドサイエンティストのような身なり・研究一辺倒の生活をしていたのではなく、貴族の身分を持つとか、王室に使える公務員だとかという正当な職業を持ちながら、その一方で錬金術の研究も行うといった人も多く存在していました。

現代化学のここ50年ほどの進化は「目に余る」ものがあります。造ろうと思う物(分子)は、それが理論的に不可能とわかっている物以外は、どんな分子でも造ってしまいます。そのせいで、かつてフロン、ＰＣＢ、ダイオキシンなどの公害物質を世に放ってしまいました。今は遺伝子工学によって、かつて地上に現われたことのない生物を放とうとしています。化学はこんなに進化して、こんなに急速に進化してよいのでしょうか?

錬金術と医学

ヨーロッパで真剣に医学に取り組んでいた医師にとって、錬金術は少ない知的原泉の1つでした。一例としてパラケルスス(1493年-1541年)はそれまでの四元素説を斥け、イアトロ化学(医療化学)と呼ばれる錬金術と科学の融合科学を形成しました。しかし、パラケルススによる実験が本当に科学的であったかどうかには疑問符もつきます。たとえば、「水銀Hgと硫黄Sの組み合わせで新しい化合物ができる」という自身の説の延長として、彼は「硫黄油」なるものを作り出しましたが、これは実はジメチルエーテルCH_3-O-CH_3であり、炭素C、水素H、酸素Oの化合物であり、水銀でも硫黄でもないことが後に明らかになっています。

不老不死の仙薬

医学は科学というより技術です。そこには哲学も倫理学も必要ありません。患者の容態の要求を満たすための治療術を施せばよいのです。ということで、中国の患者が要求したのは、老いず、死なない不老不死の薬「仙薬」でした。中国の医師はそれに応えました。

彼らが探し出した仙薬は水銀エ㎎でした。水銀は液体金属です。一滴を手のひらに落とすと、大きい表面張力のおかげで、ハスの葉の上に落とした水滴のように銀色に輝く丸い液滴になって止まることなく動きまわります。その様子はあたかも生きているようです。ところが水銀を400℃ほどに加熱すると黒い酸化水銀の固体になって動きを止めます。死んだのです。ところがさらに高温にすると分解して元の銀色に輝く水銀に戻って動き回ります。再生したのです。水銀はフェニックスの化身なのです。「このような水銀を飲めば、貴方も不老不死になれる」という哀しいまでに幼稚な言葉に操られて、中国の歴代皇帝が何人も水銀を飲み続けました。

その結果、水銀中毒になって神経をやられ、顔は土気色、声はしわがれ、癇癪持ちになって、人間離れしていきます。それを周りの宦官は、皇帝は神に近づいたとお世辞をいいます。このようにして、たいへんな老後を迎えた皇帝は何人もいたそうです。皇帝の行状はつぶさに記録されているので、それを見れば、誰と誰が水銀中毒だったと指摘することができるといいます。

Chapter. 3
錬金術師は科学者へと進化した

SECTION 11

卑金属を貴金属に変えるマジック

「錬金術」という言葉には何やら後ろ暗いイメージが付いてまわります。「錬金術師」というと、昔は魔法使いというイメージがあったのでしょうが、「魔法」という言葉が「手品やイリュージョン」という言葉に変わってしまった現代では「錬金術師」のイメージはむしろ「詐欺師」に近づいたのかもしれません。

しかし、前章で見たように、そもそもの錬金術は「哲学」や「倫理学」のようなもので「低位の金属を高位の金属に変える」というより「低位の人間を高位の人間に変える」ことを目的として生み出された崇高な精神活動でした。錬金術に付いてまわる「科学性」はそのような精神活動のための具体的な「手段」だったのです。

今となっては、少なくとも日本からは完全に失われた「科学を学ぶことで精神を高めるという」精神的目標を高らかに掲げた清廉高貴な人々、それが錬金術師であり、その人たちが行う「業」、それが錬金術だったのです。それがいつのまにか「詐欺師集団」

と目されるようになったのです。その原因はどこにあったのでしょう?

賢者の石

精神を向上させるはずだった錬金術がいつの間にか卑金属を向上?させる技術にすり替わった原因の1つは、錬金術の主要目的の1つであった「賢者の石」の作成にあったのかもしれません。

錬金術では「賢者の石」なるものが存在するといいます。それは錬金術を志す人が自分で製作するものであり、その製作そのものが高貴な人間になるための条件なのだそうです。それだけならまだしも、その石を持っている人は「それだけで」高貴な人間になることができ、その石の作用を受ければ低位な金属(卑金属)が高位な金属(貴金属)に昇位するといいます。

この辺から錬金術のいうことはおかしくなります。精神を向上させるということは多くの宗教が主調することです。そしてそのためには修行が必用だということも同じです。しかし、その修行の結果は修業した本人の精神に積まれてくると考えるのが普通で、結果が何かの作品に積まれて、高貴な作品が誕生するという主張は、普通の精神修業には珍しい主張です。

百歩譲って、芸術作品の製作と考えてみましょう。立派なお坊さんの書いた絵はありがたがられ、床の間に恭しく飾られますが、その絵を持っていることで、持主の人格が向上するなどと本気で考える人はいません。まして、その絵と共に床の間に飾られた、どこかの河原から拾ってきた水石の価値が、その絵のおかげで向上すると考える人もいません。

ところが錬金術ではそのように考えてしまったようなのです。だとしたら、賢者の石を作るための努力など、無用のものとなります。誰が作った石でも、それが賢者の石なら、それを持つ人は賢者になれるのです。だとしたら、なにも苦労して自分で作る必要などありません。誰かに作ってもらえば、あるいは誰かに作らせればよいのです。誰だってそう考えるでしょう。賢者の石さえあれば事は足りるのです。

当然ながら、王侯・貴族は下々の者に作らせようと考えました。その下々の者というのが、当時志の低かった錬金術師たちだったのです。彼らは待ってましたとばかりに、自分達に降ってきた幸運の機会に震え上がったことでしょう。「俺は利口じゃないが、王侯・貴族はもっとバカだ」。そう考えた錬金術師は「私だったら簡単に作ることができます」そう答えて王侯・貴族の家来になりました。

賢者の石を作るためには実験室が必用です。当時なら目玉が飛び出すほど高価だったガラス製実験器具が必用です。助手だって必要です。自分や助手が寝泊まりするための施設も必要です。食費も飲み代だって必要でしょう。そのような要求で、十分な施設を用意させ、十分な費用をもらって数年間もっともらしい暮らしをした後、ある夜、忽然と姿を消せば一件落着です。王侯は恥ずかしくて、事を面沙汰にしにくいでしょう。

エリクサー

錬金術がめざしていたのは人格の向上だけではなかったようです。いくら人格が向上しても、その修業途上の30代、40代で死んだのでは甲斐がありません。折角立派な人格になったのなら、せめて70歳くらいまで、できたら100歳、可能なら永遠に生きたいと思うのではないでしょうか？　本当に人格が向上した清廉高潔な人ならそのようには思わないのでしょうが、中途半端な人は困ったものです。

ということで、洋の東西を問わず、永遠の健康、永遠の命を希求する人は現れるものです。錬金術がこのようなわがまま一杯な王侯貴族の願いに応えるためには永遠の命を保証する「何か」があった方が便利です。そのような要求に応えて考えだされたのが「エリクサー」という飲物でした。

これも賢者の石と同じことです。誰かがどこから見つけて持ってきてくれた「飲物＝エリクサー」を飲みさえすればだれでも永遠の命を保証されるのです。ここには初期錬金術師たちがまじめに考えた「人格向上のための修業」などという考えは微塵も残っていません。

中国で錬金術に相当するのは、道教であり、そこでも仙人になるための霊薬を作る術である「錬丹術」があって、不老不死の薬「仙丹《せんたん》」を作ろうとしていましたが、これと同様の伝説と考えることができます。

SECTION 12

永遠の生命を約束する錬金術

一般に錬金術というと、鉄や鉛のような卑金属を金や銀のような貴金属に変える技術と思われますが、ここまでにみてきたように、錬金術は決してそのような単純なものではありませんでした。

錬金術の本質は精神面にあるのですが、それを保証するために実証科学が備わっていました。錬金術の実証面というと科学、化学、特に無機、鉱物分野が思い浮かびますが、医学も実証科学の一分野です。少なくとも実証技術です。そのため、錬金術師の中には医学面に興味を覚え、医学の発達に貢献した人も出てきました。

そのような中にルネサンス初期に活躍したスイス人の医師＝錬金術師、フィリップス・アウレオルス・パラケルススがいました。一人の医師としての彼の一生を見てみましょう。

パラケルスス（1493年〜1541年）

パラケルススはスイス人の医者で、大胆にも古代医学の権威的理論に挑戦し、病人を治療するためには、学識だけでなく、実験と自然研究と観察が大切であると訴えました。彼は長い間ヨーロッパを旅して、しばしば天文学と占星術の理論を医学理論と混ぜ合わせながら研究を進めましたが、それも彼のこのような主張と一致します。

「天文学の理論が惑星や恒星を研究して深く究明したことは、身体の天空にも適用することが可能である」と彼は言っています。この言葉は今となっては怪しい的外れの主張ではありますが、「身体も自然現象の一角である」という主張と考えれば、彼の主張には一貫性があります。

彼は1493年（生年月日は定かではない）にスイス中央部の修道院の町アインジーデルンで生まれました。父親は医者で、幼いパラケルススは彼によって最初の教育を施されました。

●パラケルスス

医師としてのパラケルスス

彼はまずバーゼル、ウィーン、その後フェッラーラ大学で学び、医者としてのキャリアをスタートさせました。テュービンゲンやバーゼルにおいては医学教師として扱われたようですが、デンマークやヴェネツィアでは彼は軍医として扱われたようです。軍医は完全技術者です。ケガ人を直してナンボです。この軍医としての経験が、彼に患者を自然物の一環として見る習慣をつけさせたのかもしれません。

彼が得た評判は常に好意的というわけではありませんでした。パラケルススを、どんな病気にもそれぞれに特定の治療法が存在すると考える純粋な治療者であり、近代的な医師であると見ていた人は多かったのですが、それでも多くの人は彼を、古典的な思想を冒瀆した者とのみ考えていたようでした。

パラケルススは、物質はアリストテレスの4元素(火、空気、地、水)の他に水銀、塩、硫黄の三原質を加えたもので構成されており、さまざまな病気はこれらの均衡の異常に帰結されると考えました。

要するに、パラケルススは、新しい病気に対する新しい治療法を発見するための手段となりつつあった、正真正銘の化学に接近することで、医師＝錬金術師の新しいヴィジョンに本質的な貢献を行ったのでした。このため彼は医化学の始祖の1人と数えられています。しかし彼の一生は報われず、晩年を物乞いとして過ごした後に、ペストにむしばまれた病人たちを助けながら、1541年に死去したといいます。

SECTION 13

錬金術師の生んだ実験器具

錬金術は毀誉褒貶の激しい学問です。錬金術が発生したころは人格陶冶を目指す崇高で高尚な学問であり、中世では自然界を現在の化学に似た目で観察する真摯な学問でした。ところが近世になって、化学、物理、天文学などが派生すると、それらが抜けた後の錬金術に残った領域は金属の変性だけになったのかもしれません。

錬金術の毀誉褒貶

近代では錬金術は「卑金属を貴金属に変える術」と限定され、当時の常識となっていた「元素は変わらない」という命題の下、「錬金術はイカサマ」と思われ、あろうことか「錬金術師は詐欺師である」とのレッテルが貼られてしまいました。以来、このレッテルは剥がされることなく、現在も貼られたままになっているようです。

しかし、最近になって錬金術を見直そうとの動きが出ているようです。その理由の1つは原子核の性質が明らかになるにつれて、「元素は変わらない」というのは間違いで「元素は互いに変化する」ということがわかってきたことがあります。また、偉大な科学者、化学者と思われていた人々の何人かが若いころに錬金術にかかわり、錬金術師から変貌したことが明らかになってきたからです。

この結果、「錬金術は詐偽として社会に害悪を流し続けてきた」のではなく、「錬金術は古代から中世にかけての科学という学問の一種」であるとの認識が育ちつつあります。科学であったからには、その学問の成果は社会に還元されていたはずであり、現在その確認作業が進展しつつあります。

錬金術の実験器具と成果

その成果の中で誰の目にも明らかで、かつ現在の科学、化学に大きな影響と貢献を残している分野があります。それは各種の実験器具、およびそれを用いて得た成果です。

初期の木製、石器製の器具から、現代に通ずる金属、ガラス製の器具まで、その多くは錬金術時代に開発され、錬金術師たちによって改良されてきました。彼らの貢献が無かったら、現代科学はまだここまで成長はしていなかったでしょう。

① レトルト

レトルトは物質の蒸留や乾留をする際に用いられるガラス製の器具です。形状としては、球状の容器の上に長くくびれた管が下に向かって伸びています。球状の部分に蒸留する液体を入れて熱すると、蒸気が管の部分に結露し、管をつたって容器に取り出したい物質が集められます。錬金術で広く用いられたため、錬金術師を描いた数多くのデッサンやスケッチに描かれていることが多い器具です。

●レトルト

②アランビック

レトルトを改良した蒸留器で、液体を入れて加熱する部分とそこから出た蒸気を冷却して液体にする部分に分かれています。アランビックの登場によって植物から得た精油を蒸留によって分けることが可能になり、アルコールの発見につながったといわれています。アランビックを変形した磁器製の蒸留器は「らんびき」の名まえで江戸時代の日本にも登場します。通人の酒席で日本酒を蒸留して焼酎を得て皆にふるまうなどしていたといいます。

●アランビック

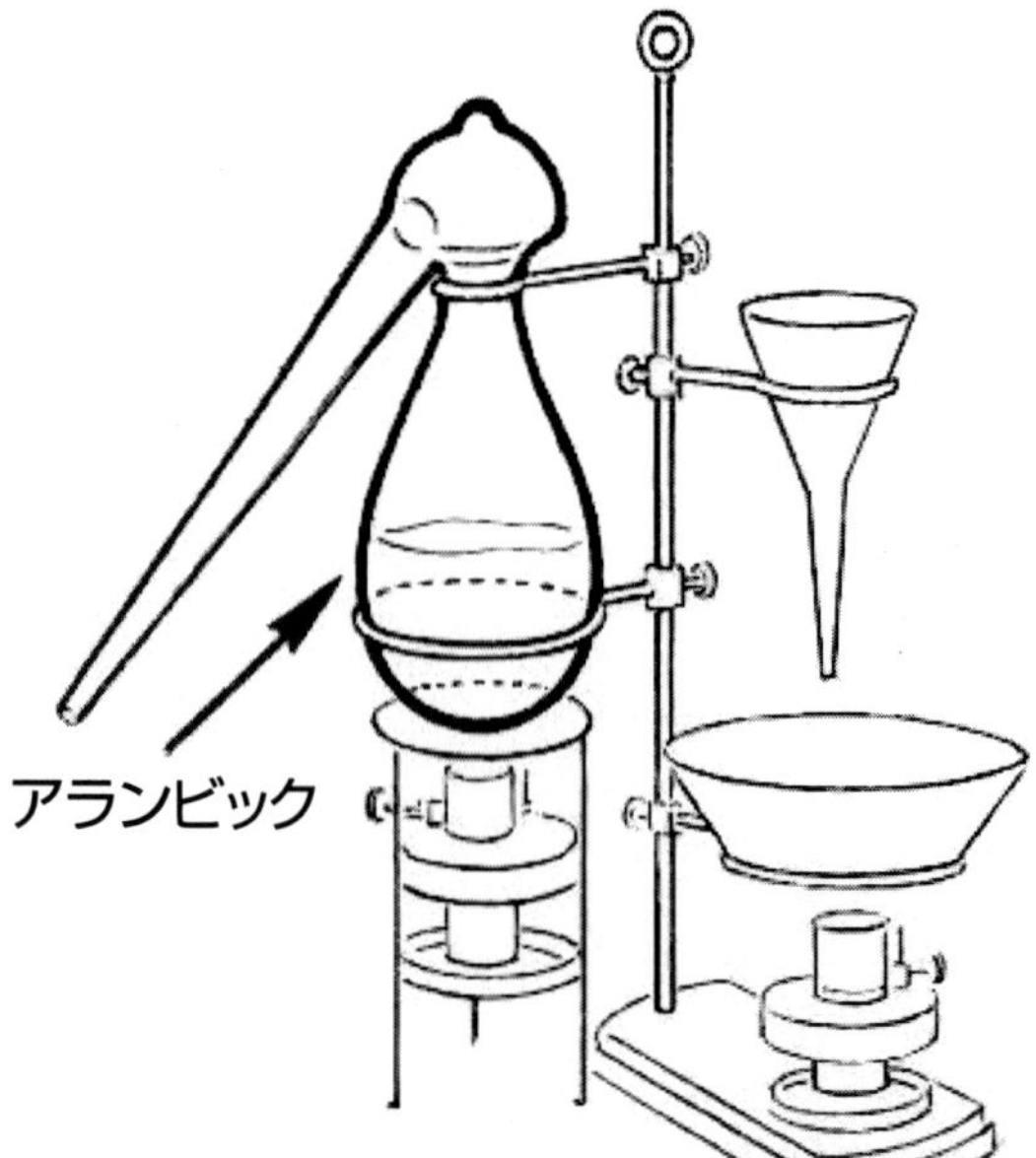

SECTION 14

錬金術師から生まれた大科学者

現代の物質文明を作り、支え、発展させたのは過去に活躍した何人もの偉大な科学者たちです。現在の私たちは、科学史の中で科学者として紹介された人は偉大な人として尊敬しますが、錬金術師として紹介された人は怪しい人と思ってしまいがちです。しかし、近代科学が萌芽、発達していた頃にはまだ錬金術師と科学者の区別は無かったのです。多くの偉大な科学者が錬金術師から生まれています。

錬金術から生まれた初期科学者

科学には観念的な科学と実証的な科学があります。現代の科学はもっぱら実証を重んじ、実証によって裏付けられない科学は科学でないとすらいわれかねません。しかし、古代の科学は違います。ギリシアの原子論は完全に観念論といっていいでしょう。

つまり、科学といえど、最初は夢物語のような観念論から出発したのです。

その科学が近代の実証的科学に変貌・進化するためには、実証手段の開発と発達は必須のものでした。しかしそれは困難であり、遅々とし進みませんでした。そのような中で現れた萌芽は、中世イスラム教徒の化学者の間におけるものでした。これを先導したのが「多くのものが化学の父と見なす」9世紀の化学者ジャービル・イブン＝ハイヤーン(ゲベルス)でした。彼はアランビック(蒸留器)を発明し、数多くの化学物質を化学的に分析し、アルカリと酸を弁別して、数多くの薬品を作成しました。

その他有力なイスラム教徒の化学者には、アリストテレスの四元素説を批判したジャアファル・サーディクとラーズィー、錬金術の実践と金属変性の理論で名声を博したイブン・スィーナー、あるいは物質本体は変化するが消滅することはないとして質量保存の原型を記述したナスィールッディーン・トゥースィーらがいます。

科学を確立した錬金術者

化学は錬金術を母体として成立した学問です。科学の確立に貢献した人たちをみてみましょう。

① ロバート・ボイル（1627年－1691年）

近代化学の基礎を築いた一人で、適切な実験により化学と錬金術を分離しました。原子論者だったボイルは、物質がその特性を維持しうる最小部分が原子であると述べています。ボイルは錬金術用の近代科学的方法を見直し、錬金術と化学の距離を広げたとみられています。

●ロバート・ボイル

② アントワーヌ・ラヴォアジエ（1743年－1794年）

近代化学が花を咲かせたのは「質量保存の法則の発見」と「燃焼におけるフロギストン説（1783年）に対する反論」により「近代化学の父」と見なされたアントワーヌ・

ラヴォアジエのおかげということができるでしょう(フロギストンは燃焼時に可燃物から放出されるものであると想定されました)。

特に彼が1789年に発表した「質量保存の法則」は化学に定量性をもたらし、後の化学の発展に大きな貢献をしました。

③ フリードリヒ・ヴェーラー(1800年－1882年)

ヴェーラー以前に無機物から有機物が合成された事例はありませんでした。そのため、有機物は生命体のみが合成可能な物質と思われていました。しかし1828年にヴェーラーが無機物から有機物の尿素を合成したことによって、有機物と無機物の識別という論争が展開しました。

これによって有機化学という化学の新しい研究領域が開かれ、19世紀末までに科学者は数多くの有機化合物を合成できるようになったのでした。そのうちでも特に重要なのは各種の有機合成染料と、現在も広く使われている医薬品のアスピリンです。開発以来100年も経つというのに、今でも年間5万tも消費されているといいます。

④ アイザック・ニュートン（1642年－1727年）

人類が誇る大科学者ニュートンは生地イギリスだけでなく、人類が誇る偉大な科学者といっていいでしょう。彼は微分・積分の発見という数学での大発見をしただけでなくそれを用いて、それまでわかっていた力学体系を「プリンキピア」という本にまとめました。

プリンキピアの内容は「ニュートン力学」と呼ばれ、日常の力学は勿論、天体の動きまですべての力学問題を解く万能の聖書としてそれ以降250年間、物理学界に君臨してきました。ようやく20世紀初頭に「相対性理論」が発表され、それに続く「量子力学」が発表されるとニュートン力学は万能ではなく、限界のあることが明らかになりましたが、それでも宇宙を駆け巡るような高速・超長距離の運動、あるいは反対に物質といえないほど小さな微小粒子の運動以外はニュートン力学を用い

●プリンキピア

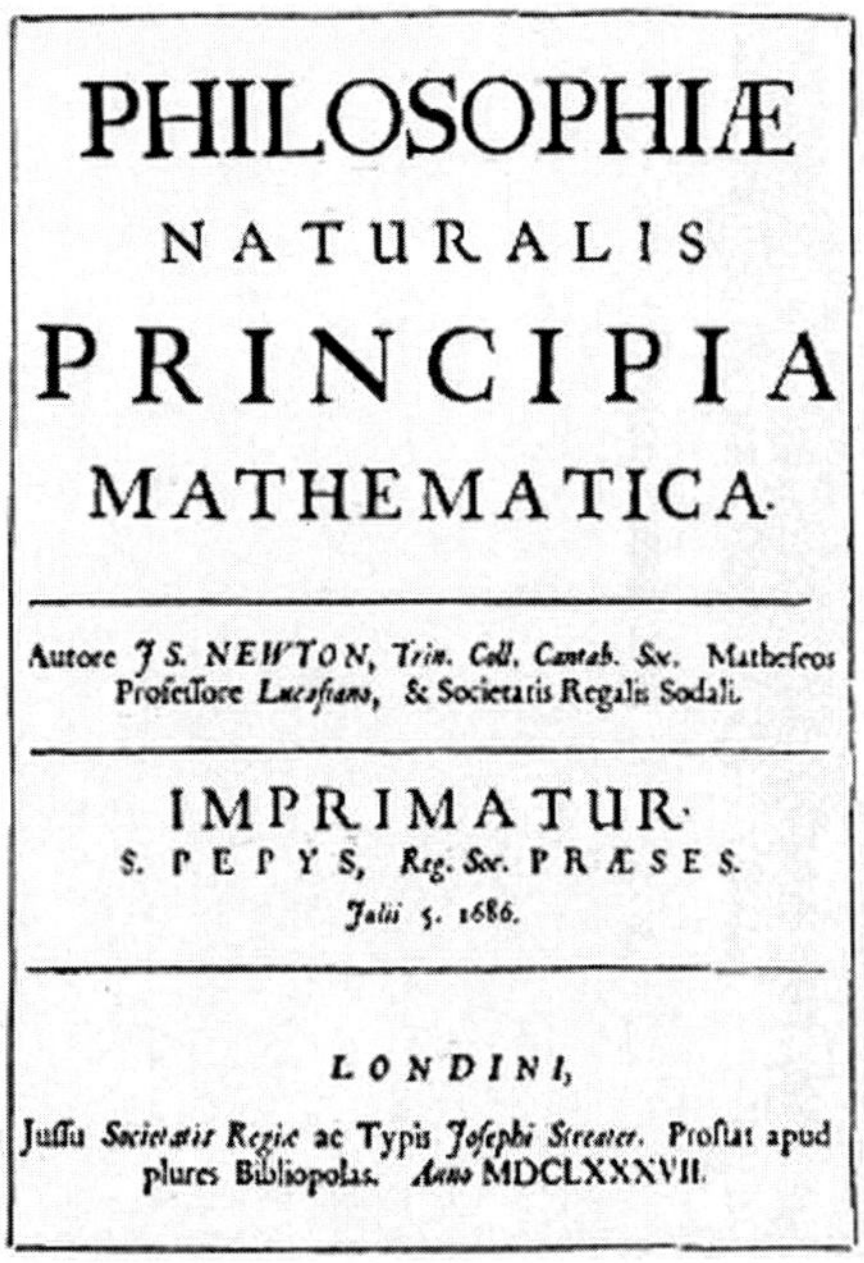
PHILOSOPHIÆ
NATURALIS
PRINCIPIA
MATHEMATICA.

Autore J S. NEWTON, Trin. Coll. Cantab. Soc. Matheseos Professore Lucasiano, & Societatis Regalis Sodali.

IMPRIMATUR.
S. PEPYS, Reg. Soc. PRÆSES.
Julii 5. 1686.

LONDINI,
Jussu Societatis Regiæ ac Typis Josephi Streater. Prostat apud plures Bibliopolas. Anno MDCLXXXVII.

て問題になることはありません。

　ニュートンを科学者でないと考える人は、普通の教育を終了した人の中にはいないのではないでしょうか？　ところがニュートンの生涯を調べてみると意外なことがわかってくるのです。ニュートン自身は、現代人が言うところの科学的研究の成果よりも、むしろ古代の神秘的な英知の再発見のほうが重要だと考えていたようです。ニュートンが考えた神秘的な英知とは錬金術のことだったのです。ニュートンの時代には、化学は生まれたばかりの分野で、したがって実験研究は難解な言葉と曖昧な専門用語からなる、どちらかといえば錬金術やオカルティズムに近かったのです。ニュートンの錬金術に関する著書の多くは研究所の火災によって焼失しており、錬金術師としての業績は現在知られているものより大きいとも考えられます。

●アイザック・ニュートン

　ニュートンは一時、政治家を目指しましたが、願いがかなえられずに錬金術へ転向

したようです。そのためか錬金術を研究している間に神経衰弱に罹っていたと考えられる行動もあったようですが、実際は化学物質(水銀・鉛など)による中毒症状であったとする説もあります。これは錬金術の万能薬エリクサーの成分と考えられたもので、ニュートンはそれを試すため、自ら口にしたようなのです。

1936年、ニュートンの未発表の著作が競売にかけられました。この文書は「ポーツマス文書」と呼ばれ、329冊のニュートンの草稿からなりますが、通常は錬金術に分類される内容が三分の一を占めているといいます。ニュートンの死に際して、これらの資料は「公表されるべきではない」と考えられ、1936年のセンセーショナルな再登場まで死蔵されていたのです。

錬金術に打ち込んだニュートンは「賢者の石」にも興味を示し、著書の中には「賢者の石」だけでなく、「生物の石」もしくは「天使の石」、「未来の石」もしくは「モーゼの魔法の石」、「野菜の石」もしくは「成長する石」などのレシピが詳しく記載されているといいます。彼が本気で実験や研究を行っていたことは間違いないようです。

残念ながら賢者の石を生み出すことには失敗していますが、彼の光学研究にかなり影響を与えていたのではないかという意見も残っています。

SECTION 15

錬金術の成果

錬金術は、科学技術の一種という側面と宗教的哲学の一種という、根本的に分かれる2つの側面がある中で、少なくとも科学技術の分野では否定しようのない成果をあげました。

蒸留の技術

その成果の大きな1つは化学実験技術の開発です。中でもアランビック蒸留器は天然物化学の発展に大きな道を開きました。蒸留器による高純度アルコールの精製、さらにそれを用いた天然物からの成分単離は化学分析、化学工業への道を開きました。

また緑礬《りょくばん》や明礬《みょうばん》などの硫酸塩鉱物を乾留して硫酸を得た技術や硫酸と食塩を混合して塩酸を得たのも、塩酸と硝酸を混合して王水を得たのも蒸留の技術があったからのことといえます。

化学薬品

インドの錬金術は、医学の一分野として発達し、8世紀ごろから錬金術として体系づけられました。ここでは錬金術は解脱《げだつ》の補助手段として考えられました。

　この錬金術によれば、水銀の魔力によって鉛、スズなどを銀または金に変換させ、また不老長寿の薬をつくることができるとされました。この錬金術の発展過程で、いろいろな実験の結果として金属の精製や蒸留、昇華法などの化学的知識がしだいに蓄積され、14〜15世紀ごろには、この錬金術で作られた薬物の実際の医療効果が追求されたといいます。

●王水

$KAl(SO_4)_2$(明礬) + $3H_2O$
→ $KOH + Al(OH)_3 + H_2SO_4$(硫酸)

$H_2SO_4 + 2NaCl$(食塩)
→ $2HNO_3$(硝酸) + Na_2SO_4

塩酸 + 硝酸 → 王水(混合物)

火薬の発見

中世の歴史にもっとも大きい影響を残した発明品は火薬、爆薬ではないでしょうか。火薬の発明は7~10世紀頃、中国の煉丹術師が不老不死の薬である仙丹の製作中、硫黄と硝酸、木炭を混合して偶然発明したといわれます。この混合物は後に硝石(硝酸カリウム)KNO_3と硫黄S、木炭Cの混合物に改良されましたが、現在でもおもちゃの花火はもとより、銃砲や花火の発射薬に使われている黒色火薬です。

●黒色火薬

磁器の製法の再発見

錬金術師の功績として、錬金術とは無関係に思える西洋陶磁器の出現と発展もあります。18世紀ヨーロッパでは東洋製の陶磁器が、現在では想像もつかないほど珍重されました。王侯はもとより、貴族、資産家までが自分の邸宅のチェスト、机、暖炉、棚、壁、至る所に東洋製の陶磁器を飾り、自慢し合っていました。しかし当時の陶磁器は中国・日本から輸入したものばかりであり、非常に高価なものでした。

それをヨーロッパで生産する方法を発見したのが錬金術師だったのです。ザクセン選帝侯フリードリヒ・アウグスト1世が錬金術師ヨハン・フリードリッヒ・ベトガーに東洋陶磁器の研究と製造を命じたのです。命を受けたベトガーは研究を続けた結果、ついに1709年に東洋陶磁に勝るとも劣らない白磁の製造に成功したのです。これがマイセン陶磁器の始まりでした。

●マイセン陶磁器

SECTION 16

現代の錬金術

私たちは「元素は変化することがない」と考えていますが、そのように考えたのはいつからのことでしょうか？　近世まで脈々と続いた錬金術では、元素は変化するものと考えていました。19世紀末、キュリー夫妻が行った放射性元素の実験は、元素は変わりえることを示すものであり、1903年にラザフォードが発表した「放射性変化」という著書の中にはなんと原子変換の系列図が示されています。つまり、錬金術が発生した古代から現代まで、人類は、元素は変化できるものと考えていたのであり、むしろ「元素は不変」であると考えたのは近代の短期間だけだったのかもしれません。

元素は変わり、新元素に生まれ変わる

現代の常識は「元素は変化する」です。現在私たちが知っている元素は周期表に載っ

ている原子番号Z＝1の水素からZ＝118の元素ですが、そのうち、自然界に存在しているのはZ＝92のウランまでです。それより大きな元素は人間が他の原子を操作して新たに作ったものばかりです。つまり元素は変わり、新しい元素も人間の手によって誕生するのです。

となったら、他の元素（金属）を金に変化させるのも可能なはずです。つまり、現代科学の知恵と技術を駆使したら錬金術は可能なのです。「錬金術師は技術が拙かっただけで決して詐欺師などではなかった」のです。

金の作り方

金を作るには原子炉を用います。原子炉が無ければ無理です。原料は卑金属の水銀Hgです。一口に水銀といっても、現代科学によれば水銀には重さによって種類もあります。重さの軽いものから7種類（Hg-196　Hg-198　Hg-199　Hg-200　Hg-201　Hg-202　Hg-204）です。その中でももっとも軽いHg-196を原子炉に入れて中性子という放射線を当ててやります。するとHg-196は中性子を吸収して少し重いHg-197となります。するとこのHg-197は速やかに変化して金(Au-197)へと変化するのです。つまり金の誕生です。

それならば水銀からいくらでも金ができる!と思われるかもしれませんが、残念ながら金になる水銀Hg-196は、水銀全体の0・15%しか存在しません。残りの99・85%の水銀は金を生まない水銀なのです。

都市大学の研究グループの試算によれば1リットルの水銀(約13㎏)を大型商用原子炉にセットして1年間程度の中性子連続照射をすると約10g程度の金が得られるといいます。

金の価格は2024年9月現在で1g約1万2000円です。10gの金の価格は12万円です。1基の原子炉を作るのにどれだけのお金がかかるでしょう? その原子炉を維持管理するのに1年、どれだけのお金がかかるでしょう? 原子炉にかかるお金はそれだけではありません。最後に、原子炉がいらなくなったとき、その原子炉を廃炉、撤去するためにどれだけのお金が必要になるでしょうか?

ということで、金はがんばって作るより、自分で山(金鉱山)を探して掘るか、あるいは東京銀座のお店に行って買った方がよほど安くなるということになります。

Chapter. 4
世界の錬金術の拡大と発展

SECTION 17

古代社会の錬金術

錬金術というとルネッサンス以前の、西洋中世の時代を思い浮かべがちです。しかし、錬金術の発生は中世をはるかに遡って、古代エジプト、古代ギリシアなどの古代社会に達します。

錬金術と科学

現代は化学の時代ということができます。合成化学は進歩して、作ろうと思う化学物質は、理論的に合成不可能とわかっている物質を除けば、ほとんどすべての物質を合成することができます。

この化学はあるとき突如発生した学問ではなく、長い歴史を持つことが知られていますが、その大きな母体となったのが錬金術なのです。

実際、錬金術は、忍術などと同じ「術」と呼ぶような小さな範囲のものではなく、壮大な思考、認識の集大成であり、1つの科学と呼ぶのに相応しいものなのです。なぜなら、その構成は現代の科学と違って、高等な数学的で裏打ちされたものではありませんが、現象や物質を観察し、記述し、分類し、さらに類推を重ねることによって結論を引き出しているからです。錬金術は、理論的思索と経験的技術の両方を兼ね備えており、そこには古代の、他のどの科学分野にもまして経験的技術の要素が豊富に存在しています。

しかも、錬金術は、その目標において、現代の化学とさして違っていません。錬金術は、元素やさまざまな化合物における諸元素の結合について議論し、これらの元素が起こす化学変化を解析します。

ただし錬金術は、その解析方法において、哲学的・宗教的な教義を自然科学に適用しているという事実において、現代科学と相違しています。そのため、錬金術は初期の定性的段階の科学と見るべきといえます。

紀元前の錬金術

錬金術の起源についてはアラビア発祥説や、エジプト発祥説など諸説あり、はっきりしたことは判明していません。ただ、おそらくは紀元前のメソポタミア地方、ギリシア、エジプト、および中近東のユダヤ教系などで発達した「冶金学」・「物理学」・「生物学」・「医学」などの科学・技術系の学問に加えて「哲学」・「倫理学」・さらには「宗教哲学」などの文系学問が加わり、西暦3〜4世紀にアレクサンドリア（エジプト）とその周辺の欧州各国に集まって大成したものと推測されます。

1828年、エジプトのテーベで古代の墓地からギリシア語で書かれたパピルスが発掘されました。これらは現在所蔵する都市の名をとってライデンパピルス、ストックホルムパピルスと呼ばれています。3世紀頃に書かれたとみられるこれらのパピルスには、金や銀に別の金属を加えて増量する方法（合金作成法）や染色法が記述されています。

しかし、この段階ではまだ後世の発展した錬金術と呼べるものではなく、もっと実用的な「技術の解説・説明」に近いものであったと思われます。その後、アラビア人により今の錬金術の形に発展し、ローマを通じてヨーロッパに広まりました。

① エジプト

エジプトにはヘルメス・トリスメギストスの元となったトート神が存在し、また、錬金術史上大きな役割を果たしていることから「エジプトこそが錬金術発祥の地である」と考える錬金術師も多くいました。

事実、錬金術の哲学的側面にはエジプト神話や宗教に影響されたと思われる点も多く、アレクサンドリアの錬金術師たちにも影響を与えていることがわかります。さらに当時のエジプトは科学技術も進歩しており、これはミイラを製造する際に何種類かの薬品（炭酸ナトリウム（ナトロン）等）が必要だったためと考えられます。

また、エジプトは宝石加工や、着色、青銅などの合金製造技術に優れており、当時の文献には人工宝石の作り方まで載っていたとされます。しかし、ヘレニズム時代にはこの地に、さまざまな思想が洪水のように押し寄せていたので、錬金術のどの部分が古代エジプトからの影響を受けていたのかを特定するのは困難なようです。

②メソポタミア地方

この地方は錬金術初期の、技術としての錬金術の重要な基礎を作ったものとされています。メソポタミア地方も当時はエジプトに負けない技術が発展していました。世界最古の電池(バグダット電池)が発見されたのもこの地方であるといわれています。

③ギリシア

記録に残っている錬金術関連の文献から考えると、錬金術の哲学的側面はギリシア哲学の影響を受けて発達したものと考えられています。たとえば、四元素の理論はギリシアの自然哲学が元となっています。しかし、西暦248年から305年まで皇位についていたガイウス・アウレリウス帝が金属加工関連の文章等を勅命で破棄させたので、正確な記録が残っていないため正確な情報は少なくなってしまいました。

また、四世紀にアレクサンドリアで錬金術が発展する際にはギリシアが多くの貢献をしています。その証拠に当時の錬金術文献の多くはギリシア語で書かれています。

ギリシアの錬金術は、心の深奥に関する心理的、内省的な探究が盛んになった時代に出現しました。そのため、ギリシアの錬金術には、当時の多様な外的影響と共に、内的傾向が同時に作用していたことが示されています。ギリシアの錬金術は、エジプトの実際的な技術的情報とギリシア哲学、東洋の宗教哲学的情報と、アレクサンドリアの神秘哲学が混合した、極めて多様で重層的な様相を呈しています。

このような東洋、ギリシア、ユダヤ、キリスト教などという多様な要素の混合は、アレクサンドリアという、多民族からなる当時の国際社会の住民の生活環境が反映されたものと考えられています。

SECTION 18

アラビアで発展した錬金術

錬金術、すなわち「Alchemy」のAlはアラビアの定冠詞（英語のtheに相当）と、金属変容を意味するchemyから成り立ち、アラビア語のel-kimyaに由来します。このchemyは化学すなわちChemistryの関連語で、ここからも錬金術と化学が近しいものであることがわかります。また、「khem（ケム）」は「黒い土地」という意味で、古代においてはエジプトを指します。ちなみに、エジプト語でkhemとはナイル川の氾濫がもたらす豊穣の黒土のことです。すなわち、語源から考えると、錬金術とはエジプトからアラビアに伝えられた技術ということがわかります。

アレクサンドリアからアラビアへ

錬金術はエジプトのアレクサンドリアで発生してから一度アラビアを経由してヨー

ロッパに伝わり、そこで現在の錬金術の体系が作られたものと考えられます。その他にも錬金術関連の用語にはアラビア語からラテン語に訳したものが多く残されており、アルコールや、アランビック(蒸留装置)などはそれらの1つです。

3世紀から5世紀にかけてのアレクサンドリアの時代には、錬金術の哲学的側面が発達しました。なぜなら当時邪教への弾圧が強まり、大掛りな実験など表立った活動ができなくなったためです。とはいえ、この頃にキリスト教、ユダヤ教、エジプト神話等の哲学が合わさりフリーメイソン思想の基礎となったので、この哲学的側面の発達は錬金術がその後発展するためには必要なことであったといえるでしょう。

また、アレクサンドリアでの技術的な発展には女性が非常に大きな貢献をしたと考えられています。女性錬金術師は自宅の台所で、普通にある調理器具を用いて多くの実験を行ったことでしょう。たとえば、現在ではどこの家庭にもあるフライパンですが、この底の薄い鍋を指す「パン」という言葉はアラビア人女性錬金術師のマリアが使っていた実験器具が起源になったという説があります。

アラビアの学問

アレクサンドリアから錬金術の伝わったアラビアでは錬金術以外の学問も非常に発展しており、多数の図書館や学校が建てられていました。その知識を得るために地中海近隣の各国から学者たちがやって来て、彼らの触れた知識、技術の中には当然錬金術が含まれていました。そして今度は現在のイタリアにあるシチリアを通じて、これらの情報がヨーロッパに流れ込んだのです。そのような東洋文化への興味をヨーロッパに起こしたのは十字軍でした。十字軍の遠征に伴って彼らは国に東側の物品を多く持ち帰りました。つまり十字軍は東西交流の礎を築いたのです。

アラビア以前の錬金術は呪術的なもので、占星術などと結びついていましたが、アラビアでは物質と物質を化合させる実験を繰り返しました。これによって、耐火性の蒸留器や濾過器、フラスコなどの器具が工夫され、炭素ソーダ、アルカリなどの化学薬品が知られるようになったことは「錬金術から化学へ」一歩進めたということができます。アラビアにはラジーとか、ジュベルなどの錬金術師の名が伝わっており、また多くの化学用語もアラビア語起源であることが知られています。

中世アラビア語圏における錬金術

7世紀にアラビア半島の一角で誕生したイスラム教は、短期間の間に広く拡大しました。支配地域の行政には聖典の言語であるアラビア語が用いられ、後には学術書もアラビア語へ翻訳されました。翻訳の時代が終わって、9世紀の終わりごろから10世紀の初め頃になると、「ジャービル文献」と呼ばれる、著者をジャービル・ブン・ハイヤーンという人物に擬した文書群や、ザカリーヤー・ラーズィーというペルシア人の著作群が編纂されました。

ジャービル文書の実際の著者らは、イスマイル派というシーア派の秘教的分派の信奉者のようであり、文書中にはイスマイル派の特異な魔術的・数秘術的・占星術的・生物学的考察が見えます。

17世紀後半、オスマン朝の宮廷医師ナスルッラー・サッルームはパラケルススの思想を伝統医術に導入しようとしました。これは錬金術が近代的な「化学」に変容する良い機会だったのですが、そうはならず、錬金術師たちは「賢者の石」探しに終始したのでした。

SECTION 19

ヨーロッパでの錬金術の発達

ヨーロッパでは13世紀から17世紀前半にかけて錬金術が大きく発展しました。この発展により、技術であった錬金術から哲学的側面を持つ錬金術の体系に進化したということができます。むしろ中世ヨーロッパでは化学的な面ではなく、哲学的な面のみが著しく発達したといっても過言ではないようです。

また、西ヨーロッパでは12世紀から錬金術研究が進み、数多くの文章が12世紀に現れました。これらの文章群はヘルメス文章と呼ばれ、当時はヘルメス神が作った文章とされていたようですが、実際には作者不明、もしくは筆者が意図的に自身の名前を伏せた、錬金術に関する研究書と思われます。

13世紀

13世紀には当時ヨーロッパで最大勢力を誇っていたキリスト教の異端審問(異端審問自体は11世紀から本格化している)を避けるために、錬金術は自然科学、もしくはキリスト教の教理と対立しない天啓思想に姿を変えました。錬金術とは本来、エジプトとギリシアの神にかかわりがあるためキリスト教からすれば邪教になります。そのため、迫害を避けるためにはバチカンの目を誤魔化す必要があったのです。

また、有力なキリスト教の聖職者が錬金術に興味を持ったことも原因にあげられます。たとえば、時の有力者33人で構成される「カトリック教会博士」の一人である聖トマス・アクィナスは、カトリック教会と聖公会で聖人の位を持ちながらも「錬金術が魔法の域にならない限り、これを合法の学問とする」としました。なぜなら彼はキリシタンなので本来の錬金術を表だって信望することはできなかったのです。

また、カバラ(旧約聖書、特にユダヤ教の伝統に基づいた神秘主義思想)の一部を取り入れる試みがあったのもこの時期のことでした。この時代の最先端科学技術に親しみ、近代科学の先駆者ともいわれるロジャー・ベーコンも科学的金属変成に関心を寄せていました。

13世紀には、アルベルトゥス・マグヌスが「鉱物書」において、自分で錬金術をおこなったが金、銀に「似たものができるにすぎない」と述べており、金を作ることに対して疑問がだされています。

14世紀

14世紀からは哲学的側面や、神智学（さまざまな宗教や思想を1つの真理の下で統合することを目指している思想哲学体系）的な傾向が強まり、アルス＝マグナ（大いなる秘法）の基礎が確立されていきました。

15世紀

15世紀には西ヨーロッパで魔術の存在が広まったことも影響し、錬金術は天啓思想（超自然的なものからの神託を教義とする哲学）に基づいたある種の秘教となっていきました。この時代、アルス=マグナを目的とする錬金術師の硬派な一部はすでに地に潜っており、そのため彼らの説く内容もよりわかり難くなっています。なぜなら邪教の教えが基礎となっていては魔女狩りの対象となるからです。

一方、多くの錬金術師たちは、実際に黄金錬成を目的としていたかはともかくとして、錬金術を「黄金を作り出すための研究をする学問」という形に特定しました。そうすることによって、私利私欲に眼の眩んだ有権者、聖職者相手に活動を続けることができたのです。

当時は「黄金錬成を研究している錬金術だ」と言えば、明らかな邪教崇拝のない限り、ある程度は教会も許容したようです。当然、教会を騙しつつ、もしくは教会から隠れながら哲学的錬金術を研究していた錬金術師も数多く存在していました。

16世紀

16世紀になると、現代の化学につながる研究論文が出始めます。しかし、それにも増してヘルメス思想が発展を遂げた時代でもありました。

この時代の錬金術においてはパラケルススの存在が非常に大きくなります。彼は現在の錬金術理論の基礎を創りあげ、同時に錬金術による黄金錬成を否定しました。パラケルススは錬金術の医学への応用など、実用的な方面へ錬金術を使おうとしていたのでした。また、パラケルススの思想は17世紀に誕生する魔術結社「薔薇十字団」の基本理念にもなり、フリーメイソン思想の基礎になったと見られています。

17世紀

17世紀になるとキリスト教の魔女狩りも幾分かは落ち着いてきました。アルス＝マグナの概念が日の目を見ることができたのもこの頃のことです。しかし、何といっても17世紀からは薔薇十字団の活動が非常に大きな役割を果たしています。

薔薇十字団はドイツで発祥し、西ヨーロッパ全域に活動範囲を広め、「完全で普遍的な知識」を求めることを理念とし、賢者の石より万能薬を求めることに傾倒して、アルス＝マグナの完成形へと迫りました。

しかしまた17世紀後半になるとデカルト哲学が力をつけ、錬金術が否定され始めることになったのでした。

18世紀以降

18世紀にはいると実証性が重視され、観念論に偏りがちな錬金術は衰退し、代わって化学が勃興しました。19世紀初頭には、ジョン・ドルトンが原子論を発表しましたが、ドルトンは「化学反応は、原子と原子の結合の仕方が変化するだけで、新たに原子が生成したり、消滅したり、異なる他の原子に変化することはない」としました。

これにより、錬金術の技法では化学的手段を用いても卑金属から金などの貴金属を精錬することができないことが判明し、錬金術は完全に疑似科学または非科学的理論として化学から分離されることとなったのでした。

SECTION 20

インド・中国の錬金術

錬金術もしくは錬金術らしいものはこれまでに見た地域以外でも目にすることはできます。特にインドでは盛んでした。

インドの錬金術

インド錬金術の歴史は、紀元前1000年頃から紀元前500年頃にかけてインドで編纂されたヴェーダに端を発します。紀元前4世紀のカウティリヤの実利論も錬金術にふれています。

インドの錬金術者は27人の達人の名前が「ラサラトナ・サムッチャヤ」という本に記載され、その中に龍樹が含まれます。龍樹には「龍樹菩薩薬方」「龍樹菩薩養生方」「龍樹菩薩和香方」「龍樹眼論」などの著述があり、この「眼論」により、龍樹が眼科医の祖とされることもあります。

「ラサラトナーカラ」という、ベンガルで発見された錬金術のタントラ（密教）の写本は、大乗仏教の一種です。これらと中国仏教の三蔵の中に見いだせるものと比較すると、他の金属を金に変えるハータカという薬液や石汁ともいわれる山水シャイローダカなどが共通しており、中国の錬金術との類似点となっています。

これらのことからインドの錬金術が中国に密教とともに伝わったのではないかとされています。

中国の錬金術

錬金術によく似た技術は古代中国を筆頭に、アジアでも見ることができます。しかし、これらは西洋の錬金術とはつながりはないものとされています。

中国では道教という宗教の中で錬丹術（中国版錬金術）の研究が行われました。しかし中国の錬金術では黄金錬成よりも不老不死が主な目的とされていました。この理論は、気を半永久的に健康状態に保つことで不老不死が可能になるとし、その補助として錬丹（賢者の石）を利用する、というものでした。

文献によると錬丹なるものは実在しており、古代皇帝たちが服用していたといいます。しかし実際に存在した錬丹とは水銀のことで、古代皇帝たちは水銀を服用していたことがよく知られています。

中国では『抱朴子』などによると、金を作ることには「仙丹の原料にする」以外に、「仙丹を作り仙人となるまでの間の収入にあてる」という甚だ打算的な目的もあったとされています。

具体的には「辰砂《しんしゃ》」という鉱物などから冶金術的に不老不死の薬「仙丹《せんたん》」を創って服用し仙人となることが主目的となっています。これは「煉丹術（錬丹術《れんたんじゅつ》）」と呼ばれています。しかし辰砂は硫化水銀HgSであり、これから得られるものは水銀化合物ですから明らかな毒物であり、それを飲んだ皇帝は軒並みひどい目にあっていることが文献より明らかになっています。

●辰砂《しんしゃ》

SECTION 21

日本の錬金術

日本には錬金術は来なかったのでしょうか？　西洋の錬金術とは違いますが、似たようなものは中国でも道教にまぎれて発生していたようです。古代日本は中国に色濃く影響されています。日本にも錬金術は伝播、あるいは独自の形で発生していたのではないでしょうか？

古代錬金術

目下の所、ヨーロッパ社会に広がったような錬金術が日本に蔓延したような形跡はないようです。これはむしろ不思議なことではないでしょうか？　ヨーロッパ社会であれだけ広がった錬金術が日本にその陰もないというのはむしろ不思議な話です。

しかし錬金術そのものでなく、錬金術の二次的な影響といえば、たとえば鎌倉時代に日本を襲った元寇です。ここで問題になったのは火薬でした。刀と弓で迎え撃った日本軍に対して元軍が使ったのは火薬、爆薬でした。元軍が投げた陶器の容器には火薬が仕込んでありました。

日本軍の武士の足もとに投げられた陶器は勢いよく爆発し、陶器の破片は日本軍に大きな損害を与えたといいます。この事実は、日本はそれまで火薬の存在を知っていなかったということになります。錬金術の成果の中でもこれだけ軍事的に重要なものを知っていなかったということは、日本は当時、錬金術を知っていなかったということを物語るものではないでしょうか?

一方、次のような話もあります。鎌倉時代の次の時代、南北朝で有名な後醍醐天皇の遺品から、20〜30年前、古文書が発見されたといいます。調べてみ

●蒙古襲来

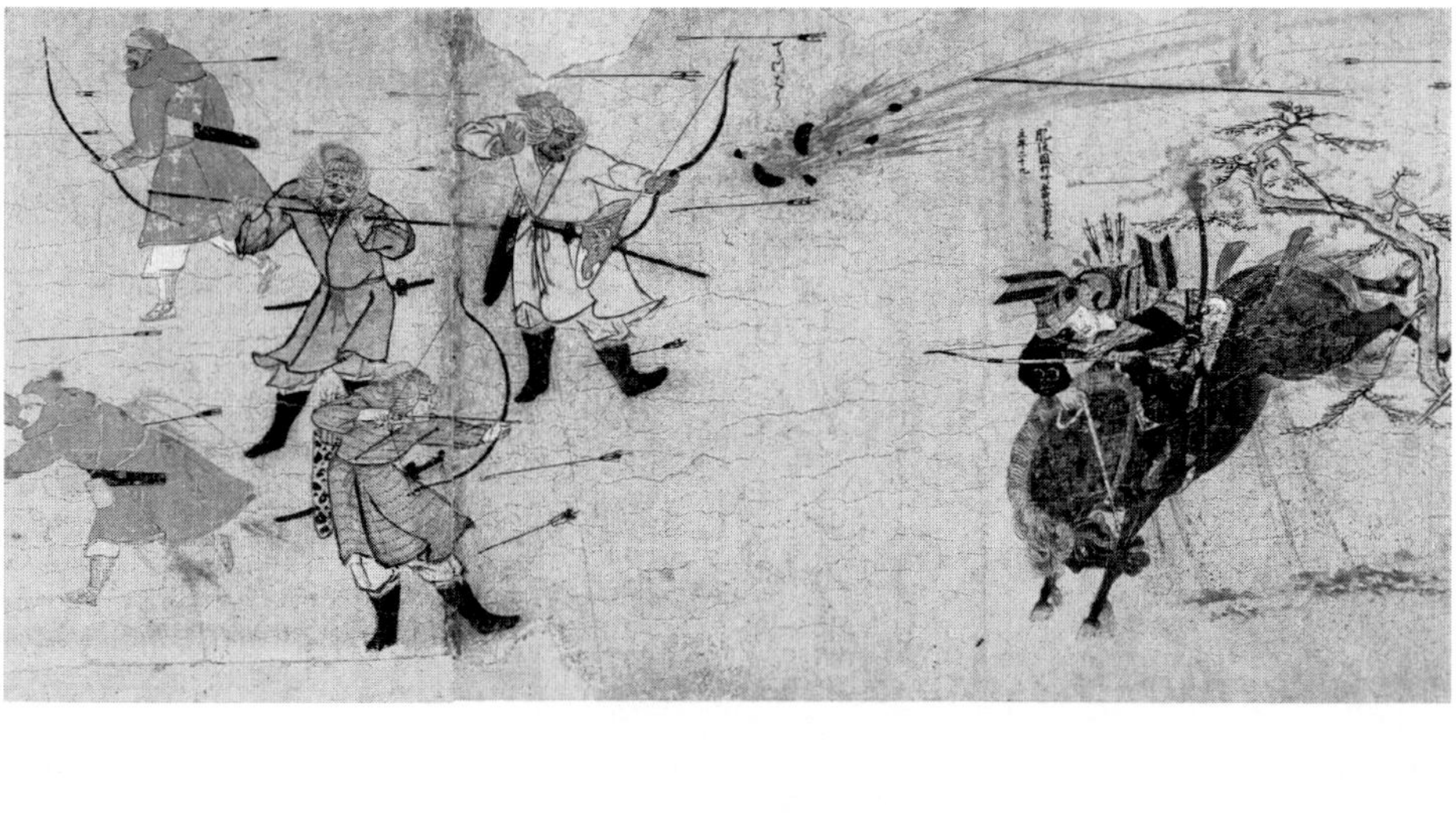

ると何かのレシピらしいといいます。何かの医薬品の処方箋らしいということで、某放送局がそのレシピの実現のために薬科大学を訪ねました。

ところがそこの教授はレシピを一見すると「これは医薬品のレシピではない。処方するには薬学部ではなく、工学部へ行った方がよい」と言われ、そこで工学部に行った所「こんな危険なものはうちの学生にはいじらせられない」ということでいろいろ探したところ、某工業専門学校で引受けてくれたそうです。いろいろやってみたところ、遂に丸薬らしいものにまとまったといいます。

処方箋の中身は、ほとんどが金属元素であり、しかも、硝酸塩、硫酸塩など危険なものが揃っていたといいます。金属の中にはカリウム、水銀など、火薬や毒薬にうってつけの元素が入っていたといいます。

●後醍醐天皇

それにしても、水銀のような毒物を飲みながら、なおかつ権力奪還を目ろんでいたとは、さすが後醍醐天皇と驚き、呆れたのを覚えています。

このような処方箋の出所は韓国か多分、中国の道教関係者からきたものでしょう。ということで、日本でも高位の人びとは隠れていろいろな伝手で道教、それを介して錬金術と関係があったのかもしれません。

現代錬金術

現代の錬金術といえば、先に見た原子核反応です。この反応を用いれば水銀を金に換えるのは勿論、未だ世の中に存在しない未知の元素を創りだすことも可能です。このようなことを計画し、実行に移している人こそ、現代の錬金術師というべきでしょう。このような人は、世界中の原子核反応研究所にたくさんいます。現在、この瞬間にも活発に研究しているはずです。もちろん、日本にもたくさんいます。このような方々の活躍のおかげで原子番号Z＝113の新人工元素、ニホニウムが作りだされたのです。

新しい元素がどのようなものかはだれも知りません。もちろん、名前も知りません。ということで、新元素の名前は最初に発見した人、作った人、組織、国で勝手につけて良いことになっています。問題は誰、どこが最初か?ということです。113番元素に関してもそれが問題になっていましたが、厳しい審査の結果、日本が最初であるとの決済がおりました。そこで念願の「ニホニウム」という「日本に由来した名前」が許可されたのです。

新元素の開拓はこの瞬間にも活発に行われています。早晩Z＝119、120の元素が合成されるでしょう。どれくらい大きな元素が作製されるかは興味のある所ですが、現在の所、Z＝173までは可能ではないかといわれているようです。

SECTION 22

錬金術の衰退

17世紀後半、フランスの哲学者であるルネ・デカルトの打ち出した近代的合理主義に世間が感化されていくと共に、かつての錬金術は徐々に消え行くこととなりました。

この時期にはまだ辛うじて少数の錬金術師と呼べる人達が存在していましたが、彼らの多くは化学としての錬金術部分、つまり錬金術の実学部分のみを研究するようになり、後に化学と合一して本当の意味での化学者に変身しました。

逆に、17世紀の科学者として有名なアイザック・ニュートンや、ロバート・ボイルなどは、部分的には錬金術を肯定し、黄金錬成の可能性を信じていたようです。

18世紀になるとすでに錬金術はほとんど消滅し、化学が勢力をつけてきます。フロギストン説をラボアジェが否定したのもこの時代です。したがって、19世紀になる前に本格的な錬金術研究は終息したといってよいのではないでしょうか？

しかし、錬金術は決して死に絶えたのではありません。長らく途絶えてきた錬金術はフルカネッリの著作『大聖堂の秘密』『賢者の住居』で再び脚光を浴びました。フルカネッリは自分の正体を明かしませんでしたが、弟子のウージェーヌ・カンスリエが積極的に錬金術の教えを広めました。この影響で、ヨーロッパ各地で錬金術専門誌が発行されたのです。

錬金術がこれからどうなるか？　ヨーロッパにおける懐古趣味、観念論復帰、右翼化の影響で勢力をとりかえすのか、中国、インド、韓国、日本などの新興則物主義、実証主義に押されていくのか、歴史の流れとしても興味深いところというべきではないでしょうか？

Chapter. 5
そもそも金とは何か?

SECTION 23

金の物理的特性

金は光沢のある黄色、つまり金色に輝く金属です。すべての金属の中でも特に比重が大きく重いですが、その反面柔らかく、展性と延性に富み、細い針金に延ばしたり、薄い金箔に広げたりすることができます。金は金属のなかで3番目に電気を通しやすいことでも知られていますが、化学的反応性に乏しく、変化、腐蝕に強く、酸・アルカリなどにも溶けません

比重・硬度

金の比重は19.32です。鉄、鉛、水銀の比重がそれぞれ7.87、11.36、13.55ですから、それらの金属と比べても非常に大きく、もっとも大きいオスミウム(22.57)やイリジウム(22.42)、白金(21.45)などと並んで全金属中、最大クラスです。

ところで、白熱電球の芯に使われる金属、タングステンの比重は金と同じ19・3です。そこでかつて、タングステンに金メッキしたものを金塊と称して高額で売りつけるというう詐偽が流行ったことがあるといいます。ところが金の硬度は低くて柔らかく、純金のモース硬度(最大はダイヤモンドの10)は2・5であり、人間の歯のエナメル質(6~7)に比べても相当低いくらいです。そのため、純金製品を噛むと歯型がつくので、大切な金製の宝飾品、ましてオリンピックの金メダルなどを噛むのは厳禁です。時代劇で江戸時代の商人が小判を噛むのは、当時は二セ小判が多かったので、それを確かめるために噛んで歯型が着くかどうかを確かめていたのです。

金は延性、展性に富むことで有名です。1gの金を針金に延ばすと2900mの長さになるといいま

●硬度

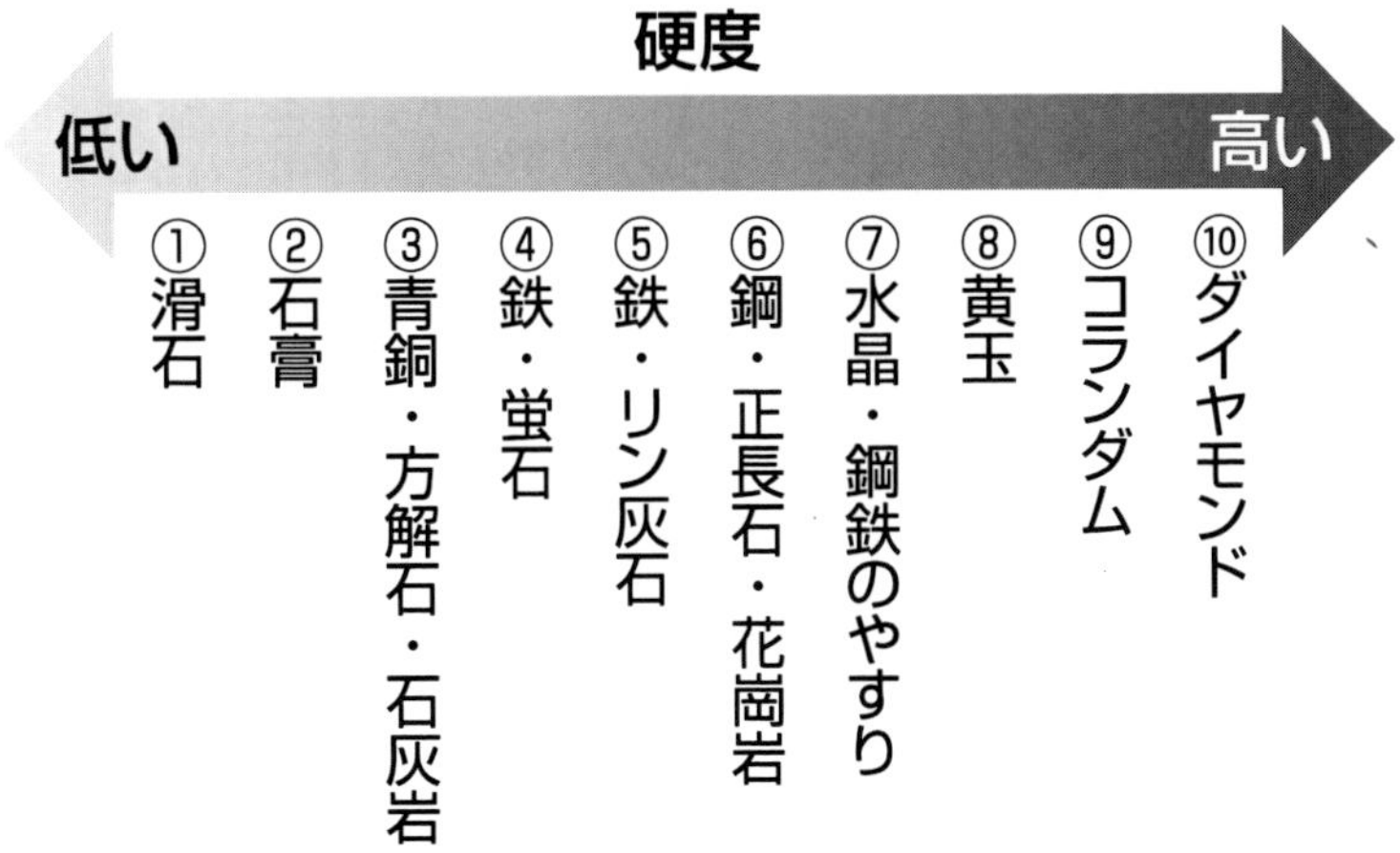

すから、きっとその針金はクモの糸のように細いのでしょう。また金を適当な条件下で叩いて広げると厚さ0・1μmの金箔になって、ガラスのように外界が透けて見えます。金属が光を通すなどというと、驚く方が居るかもしれませんが、問題は厚さです。薄型テレビでもスマホでも、私たちは電極を通して画面を見ているのです。電極ですから金属です。すべての金属が不透明だったら、スマホの画面はそれに遮られて見ることはできないはずです。スマホやテレビの電極は「透明電極」といわれますが、実態はイリジウムと酸化スズをガラスに真空蒸着したものです。つまり、金属も薄くしたらガラスと同じように透明になるのです。ただし、金箔を透かすと外界は青っぽく見えますので、金箔を透明電極に使うことはできません。

●液晶画面の仕組み

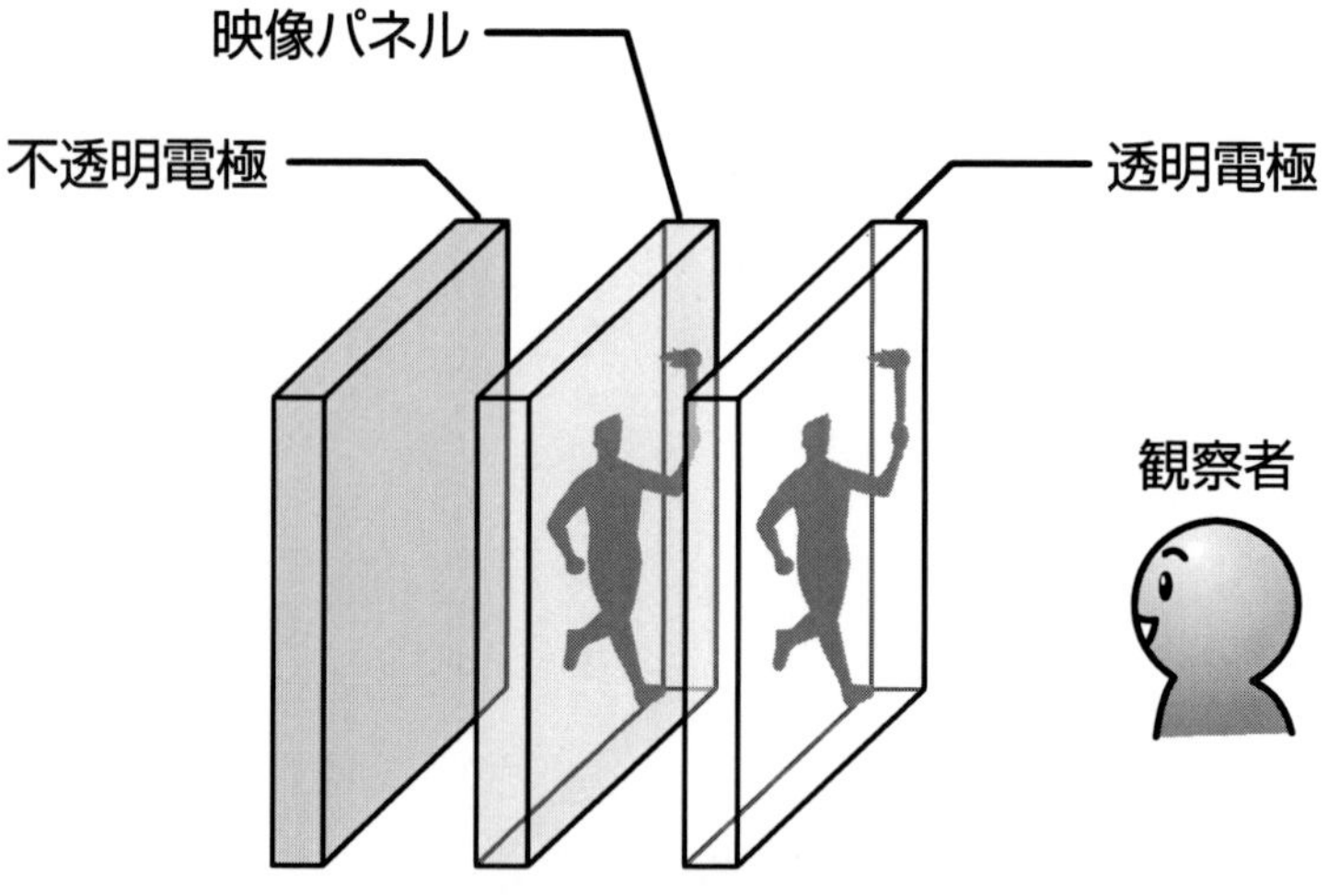

融点・沸点

金の融点は1064℃で、銀(961℃)に比べれば高いものの、鉄(1535℃)や白金(プラチナ)(1772℃)に比べれば低く、細工しやすい金属ということができるでしょう。また、金の沸点は2807℃であり、鉄(2862℃)とほぼ等しく、銀(2163℃)よりは高く、白金(3827℃)よりは低くなっています。

熱的、電気的性質

一般に金属は比熱が小さく、熱を伝えやすいです。それにしても伝えやすさには差があります。金属の熱伝導性は、銀>銅>金>アルミニウム>ニッケル>白金の順です。一番良いのは銀ですが、金や銀は高価なので鍋などの調理器具には銅やアルミニウムを使います。電気伝導性も銀>銅>金>アルミニウムの順ですが、銅は高価なうえに重いです。そこで長距離にわたる高圧電線では、電線が垂れ下がって危険なのでアルミニウムが使われます。その上、より軽くするために被覆していません。そのため、高圧線に触れると感電します。最近の釣り竿は電導度の良いカーボンファイバーが用いられています。アユ釣りなどで長い竿を操っているとき、ウッカリして竿先が高圧線に触れたりすると、思いがけない大事故に遭う可能性があります。

精密電気器具の接点などには電導度が良く、かつ腐食しにくい金が使われます。使い古しのスマホなどを回収業者が欲しがるのは、それから金などの貴金属、レアメタルを回収できるからです。

光学的性質

金に限らず、金属が光る(金属光沢)のは、金属結合で発生した自由電子がお互いの静電反発のおかげで内部からはじき出され金属塊の表面に集まり、その電子が光を吸収し、かつ放出しているからです。

金は波長500nm近辺の青い光をよく吸収し、それ以外の光を反射するため、金塊を普通に眺めると黄色をしています。これは白色(無色)である太陽光から、金に吸収された青い光成分を抜き去ると、残りの光は黄色く見えるという原理によるものです。このような関係にある光、つまり、青と黄色を互いの補色といいます。金箔のような薄膜の場合には、膜の裏側に青い成分を透過させてしまいます。つまり、（太陽からの光…白色光）＝（金の反射光…山吹色）＋（透過光…青色）という関係になります。

バラの花のように、赤い色と葉の緑の色も互いの補色としてよく知られています。

音響的性質

音響的性質というと、なにやらおおげさですが、要するに金は音が良いということです。金製品が2個あったら、互いを糸でつるし、ぶつけ合って音を聞いてください。柔らかくて長い余韻の良い音がします。

仏壇の前に「御鈴《おりん》」と呼ばれる直系10㎝程の半球状の上

●光の吸収

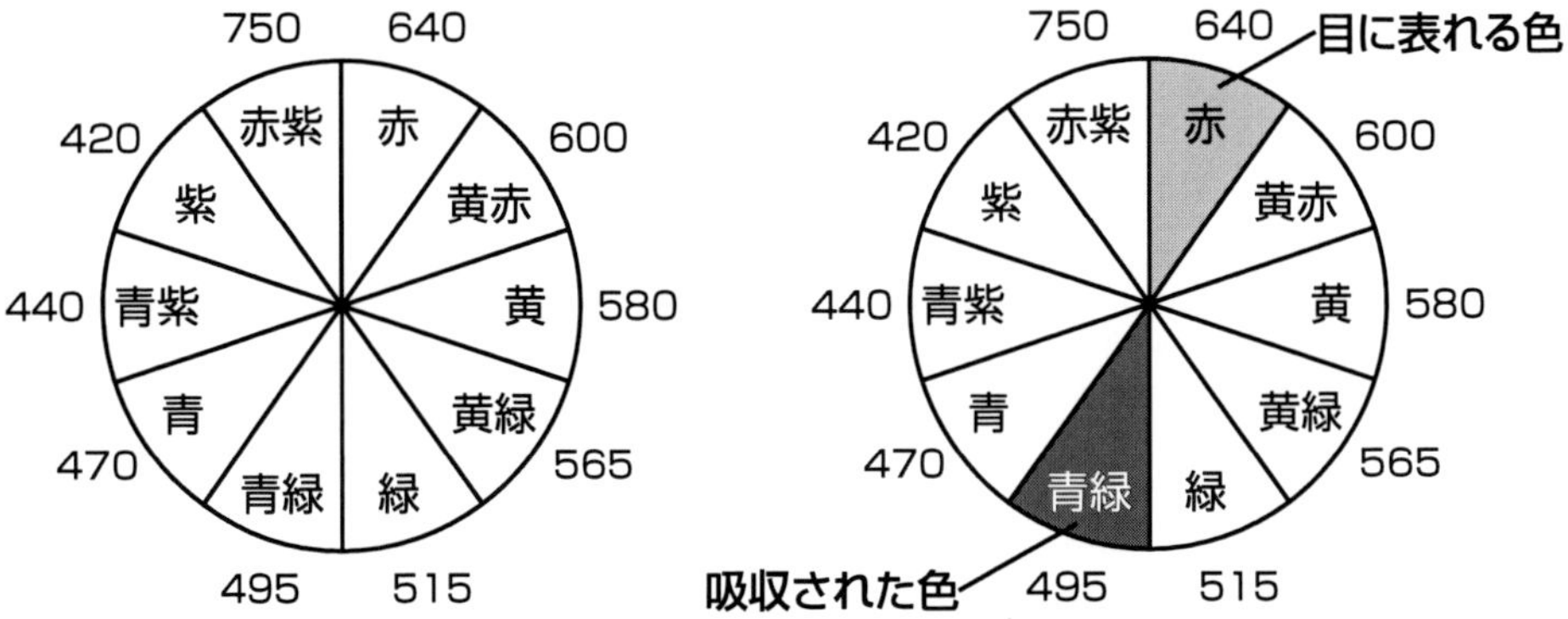

向きの鐘が置いてあります。普通のものは「砂張《さはり》」という金属でできています。砂張は銅とスズの合金で青銅の一種ですが、それに小量の銀や亜鉛を加えて音を良くしています。この御鈴を純金にしたものがあり、音は特別に良いといいます。

しかし、仏壇に金製品を置くのは、音のせいというより、宗教用具には相続税がかからないという特典を狙ったものであることが大部分といいます。とはいうものの、合金に金を混ぜると音が良くなるのは確かなようで、お寺の巨大な鐘である梵鐘にも多少の金が混ぜてあるといいます。

●御鈴《おりん》

SECTION 24
金の化学的特性

３０００年も前の古代エジプト時代に作られたエジプト国王ツタンカーメンのマスクが、燦然と輝く状態で私たちの目の前に現れました。これは金の化学反応性が低く、何者とも反応せず、腐食されることがなかったからです。金の化学的性質で一番にあげなければならないのは、この化学反応性の低さです。

耐腐食性

金の特色はいくつもありますが、そのうち、もっとも良く知られているのが永久に輝き続ける、つまり錆びない、耐腐食性が強いということです。多くの金属は空気中に放置されると、空気中の酸素と反応して酸化物になり(酸化される)ますが、金は空気中の酸素濃度では酸化されることはありません。いつまでも輝き続けます。

不溶性

よく「金は何物にも溶けない」といわれます。そしてただ1つ、金を溶かす液体としてあげられるのが、硝酸HNO_3と塩酸HClとを容積比1：3で混ぜた（一升（硝酸）3円（塩酸）と覚えると良い）王水だけだということです。

①王水への溶解

それではなぜ金は、王水だけには溶けるのでしょうか？　それは王水中では下式のような反応が起き、強力な酸化作用を持つ塩化ニトロシル$NOCl$という酸化剤が作られるからです。この酸化剤が金から電子を奪って金を酸化し、金イオンAu^{3+}とするからなのです。

また塩素自体も強力な酸化剤であり、結局下式のような反応によって金は塩化金酸$H[AuCl_4]$となって王水に溶けるのです。

●金の王水への溶解

$$HNO_3 + 3HCl \rightarrow NOCl + Cl_2 + 2H_2O$$

$$Au + NOCl + Cl_2 + HCl \rightarrow H[AuCl_4] + NO$$

普通、金属Mが酸に溶けるときには、金属は電子を失って（酸化されて）金属イオンM^{n+}となります。しかし、金が王水に溶けるときには金は$H[AuCl_4]$という化合物になって溶けているのです。

そのため、この反応が完結した後に、王水を除くと、固体が析出しますがそれは金色に輝く金Auではありません。オレンジ色の塩化金酸水和物$H[AuCl_4] \cdot 2H_2O$です。つまり、王水の中に溶けているのは金そのものではなく、塩化金酸という化合物なのです。このように金属イオンが他のイオン（今の場合は塩化物イオンCl^-）あるいは分子と反応してできた複合分子を一般に錯塩《さくえん》あるいは錯イオン、錯体といいます。

② 青酸カリやヨードチンキへの溶解

金が溶けにくいのは確かですが、王水以外の液体に溶けないというのは、誇張しすぎです。

金は液状の金属である水銀に溶けて、泥状の液体になります。もっともこれは透明な溶液ではなく、不透明な泥状物質であり、水銀と金の合金（金アマルガム）ですから、溶けるという表現はあたらないかもしれません。

しかし、金はなんとあの猛毒で知られた青酸カリ（シアン化カリウム）KCNの水溶液に溶けます。そのうえ、昔、傷口に消毒剤として塗ったヨードチンキにも溶けるのです。実験した人によれば、指輪などを溶かすには時間がかかるが、金箔などはベロベロと目の前で溶けるそうです。

実は金が青酸カリやヨードチンキに溶けるのは、単に溶けているのではないのです。亜鉛Znが硫酸に溶けるのは、亜鉛が亜鉛イオンZn^{2+}になって溶けるのですが、金が溶けるのは金イオンAu^+やAu_3^+として溶けるのではなく、金イオンが青酸イオンCN^-やヨウ素イオンI^-と反応して$Au(CN)_2^-$や$AuCl_4^-$などという錯イオンになって溶けているのです。ヨードチンキの中には三ヨウ化物イオンI_3^-が存在し、これが金と反応して最終的にヨウ化金酸イオン$[AuI_4]^-$として溶けます。

●金と青酸カリ

$$4Au + 8NaCN + O_2 + 2H_2O \rightarrow 4Na[Au(CN)_2] + 4NaOH$$

●金とヨードチンキ

$$I_2 + I^- \rightarrow I_3^-$$
$$2Au + I_3^- + I^- \rightarrow 2[AuI_2]^-$$
$$[AuI_2]^- + I_2 \rightarrow [AuI_4]^-$$

水への溶解

金属が水に溶けるといったら驚かれるのではないでしょうか? すべての金属どころか、すべての元素は水に溶けます。もちろん、金も例外ではありません。問題は濃度です。

海水中の金の濃度は0・0005ppmほどといわれます。しかし地球上にある海水の量は膨大です。非常に薄い濃度ですが、重量に直すと数百万tにも数十億tもなるといいます。つまり、とんでもない重さの金が海水に溶けているのです。

この海水に溶けている金を回収するには「クラウンエーテル」という有機物を用います。原理的には簡単な話で、技術的にも実験室レベルでは完成しています。問題は回収に要する費用です。まだまだ高くつきます。無理して海水から抽出して回収するよりは、どこか銀座の貴金属店へ行って買ったほうが安上がりですし簡単です。

SECTION 25

化学反応

イオン化傾向の低い金はイオン化することがほとんどなく、そのため化学反応をすることもほとんどありません。金の関与する化学反応は前項で見た金の溶解に関するものがほとんどです。そのため、金は身の回りにあって、普通の金属なら腐食されやすい所に用いられます。入歯の金歯、メガネの金ぶちなどはその例です。

金の反応

金は非常に反応性が低いことで知られますが、反対にフッ素Fは反応性が高く、ほとんどすべての元素と反応することが知られています。ということになると、「すべての盾を切り裂く矛」と「すべての矛から身を護る盾」の例えで知られる「矛盾」ではないですが、金とフッ素は反応するのかということが気になります。

答えからいうと両者は反応します。生成物は3種あります。フッ化金AuF、三フッ化金AuF_3、五フッ化金AuF_5です。フッ化金は非常に不安定であり、単体として取り出すことはできません。三フッ化金も不安定で、例え取り出してもすぐに分解してフッ素F_2を発生します。そのため、強力なフッ化剤として反応に利用されるほどです。

実はフッ素を持ち出すまでもなく、金は他のハロゲン元素と反応します。塩素Cl_2と反応して塩化金$AuCl$、三塩化金$AuCl_3$、八塩化二金Au_2Cl_8を与え、臭素Br_2と反応すると六臭化二金Au_2Br_6をあたえることが知られています。

金イオン、金化合物の安定性

化合物中での金の安定な原子価は+1、Au^+と+3、Au^{3+}です。しかし水溶液中においてはAu^+やAu^{3+}などの単純なイオンは安定でなく、$[Au(CN)_2]^-$などのように他のイオンや分子などと反応して錯体、錯イオンとして存在します。

$AuCl$など1価の金化合物はシアノ錯体を除いて一般的に水溶液中で不安定であり、下式のように反応して3価の金イオンと金属金Auになります。このように、2個の金属イオンが反応して価数の異なる2個のイオンになる反応を一般に不均化反応といいます。

この反応では2個の1価金イオンAu^+が1個の3価金イオンAu^{3+}と0価の金属金Auになっています。つまり不均一になっています。それでこのような反応を一般に「不均化反応」というのです。金化合物は一般的に不安定であり、光の作用によって分解し、単体の金を遊離することがあります。合金中においては、金はイオン化したとしても直ちに他の金属によって還元され、添加された金属だけが酸化されます。このことも「金は安定」といわれる原因になっているものと思われます。

金の触媒作用

最近、金の示す触媒作用が注目されています。一般に触媒作用というのは、反応の前後を通じてそれ自身は変化しないのに、反応速度を速めるものとされています。

●不均化反応

$$3AuCl + H_2O \rightarrow H[Au(OH)Cl_3] + 2Au$$

①触媒とは

触媒の作用はそれだけに留まりません。そもそも触媒がなければ進行しない反応もあるのです。現代の化学反応において触媒はもっとも重要なものといってよく、それだけに触媒の研究、中でも新しい触媒の発見は注目されています。

そのような中で金も調査研究の対象になってきました。しかし普通の状態の金を用いた研究では、目新しい反応や触媒作用は発見されませんでした。ところが特殊な状態の金では触媒作用があることがわかったのです。それは金ナノ粒子です。金ナノ粒子というのは、金原子数百個からなる微小粒子のことをいいます。

②金ナノ粒子

金ナノ粒子を用いると、一酸化炭素をマイナス78℃という低温下でも二酸化炭素に酸化できるということが見出されました。これは排ガス中に含まれる一酸化炭素を除く良い触媒として利用される性質です。次いで酸素水素混合ガスを酸化剤に用いるとプロピレンを選択的にエポキシ化できるということが発見されました。それ以来一転して金触媒ブームが巻き起こりました。

現在では環境浄化作用も見いだされ、公害物質で有名なダイオキシンの酸化分解、排気ガスになどに含まれる窒素酸化物NOx（ノックス）の還元除去、空中や水中の悪臭物質の分解、揮発性有機物の分解などにも有効なことが確かめられています。

しかし残念ながら、金を工業的に用いる場合に問題になるのは、金が貴金属で高価であるということです。触媒ですから、使ってなくなるものではありませんが、回収するにも費用がかかりますし、初期投資額も高くなります。その不利を補うだけのメリットを求められるというのも、金が貴金属であることの宿命なのでしょう。

しかし、同じ貴金属の白金は触媒としてよく使われています。それは白金で無ければ役にたたないという、非常に特殊で価値のある触媒作用を行うからです。今後、金にも同じような価値ある触媒作用の発見が待たれています。

SECTION 26

生理活性

反応性の低い金は他の分子と反応することはありません。ということは、生体を構成する分子とも反応しないということであり、生体に作用することもありません。つまり毒にも薬にもならないのです。

お正月に金箔を浮かべたお酒を飲む方もおられるでしょう。最近ではアイスクリームに金箔をのせたり、みたらし団子を金箔で包んだりすることが流行っているようです。これには、味を良くすることはもちろん、悪くすることもありません。顔に貼る純金パックなども、生理的活性というよりは、それを使って悦に入る心理的効果の方が大きいということができるでしょう。とはいうものの、食べて、あるいは使って気分が良くなるのなら、それはそれで効果があるといった方がいいのかもしれません。

何の役にも立たないことによる作用

生物に何の作用も示さないというのは、それはそれで重要な特性です。走査型電子顕微鏡で細菌を観察する場合、細菌そのものを撮影したのでは映像が明瞭にならないことがあります。そのようなときに、細菌に適当な物質を塗りますが、そのコーティング材として金が用いられています。金によって細菌が何の影響も受けないため、細菌のあるがままの状態を観察できるためです。

金は歯科の治療に用いる歯冠として古くから利用されています。かつては金歯や金パラ(金銀パラジウム合金、銀歯の一種)として使われていましたが、現在はコバルト・クロム合金やセラミック材料などの、より安い素材に置き換えられつつあり、世界的に金の使用は減少しつつあるようです。

鍼灸療法において、金を含む材質の針が用いられています。しかし一般的なステンレス製の針に比べて高価なため、金の針を使うのが効果的とされる特異な症状に対して、コスト面で折り合いがつく場合に限って用いられています。

金の治療薬

1890年、結核菌やコレラ菌などの発見で知られるロベルト・コッホは金シアン化合物が、結核菌の増殖を抑えることを発見しました。それを契機に金チオ硫酸ナトリウム、金メルカプトベンゾールなどが、結核の治療薬に用いられました。

しかしやがて、それまで結核の症状の一部と考えられていたリウマチが、実は別の病気であることが判明したことから、金化合物が見直されました。それ以来、1960年頃までに主にヨーロッパで、リウマチ治療薬として金チオマレイン酸ナトリウム、金チオリンゴ酸ナトリウム、金チオグルコースなどが開発されました。これらが自己免疫疾患を抑えるのに有効であると判明してからは、副作用を抑えたリウマチ性関節炎に有効な治療薬(ミオクリシン、オーラノフィン等)も開発されました。

金製剤の作用機序は解明されていませんが、金製剤が細胞内に取り込まれると、炎症を引き起こす酵素の分泌が抑制され、腫れや痛みが軽減するものと考えられます。ただし効果があらわれるには数カ月を要することもあるといいますから、気の長い治療が必要となりそうです。

微生物と金

オーストラリアのアデレード大学の研究者たちは将来的に「金塊工場」になるかもしれない微生物を発見したといいます。

自然界では、金は地球化学的な風化作用によって、地表や堆積物、水路の中に入り込み、最終的に海に行き着きます。しかし微生物の中には、金が含まれた鉱石から金を溶かし出し、純金の小さな金塊へと濃縮することができるものがいます。

オーストラリアの研究者たちはこの微生物がどのように金を変化させるかを解明しようと研究してきました。その結果、この変化がわずか数年から数十年で起こることがわかったといいます。オーストラリアのウェスト・コースト・クリークで収集された金を分析して、微生物が行う生物化学的プロセスを調べたところ、そのプロセスが3・5〜11・7年と非常に短い時間で起こることがわかったのです。

この微生物を用いれば、金の採掘プロセスの効率化や、電子機器廃棄物から金を抽出するメカニズムをよりシンプルにすることが可能となります。

SECTION 27

金の社会的特性

金《きん》は富の象徴として世界中で尊重されてきました。一方、社会では金でなく、紙幣が使われました。現在、金そのものが取引で使用されることはありません。しかし、最近、金の価格は過去最高値を更新し続けています。金の価格は今後どのように動くのでしょうか？

金本位制

金は貨幣として世界中で通用しますが、金属だけに重くてかさばり、持ち運びが不便です。そこで、各国の中央銀行が、金庫に保管している金と同じ額面の「紙」でできた紙幣を発行しました。そして客の要望に応えて、いつでも紙幣の額面と同じ額の金を渡すことにしたのです。これが紙の貨幣＝「紙幣」の始まりです。

このように、紙幣の額面を金で保証する仕組みを「金本位制度」といいます。最初に金本位制度をとったのは、イギリスで1816年のことです。当時は金1オンス(31・1035g)=3ポンド17シリング10ペンス半と定められました。日本も1897年(明治30年)に金本位制度を採用しました。

管理通貨制度

世界経済が発達すると、各国の準備できる金の量以上に貨幣が必要になりました。そこで1944年から貨幣の価値は、金ではなくアメリカドルで測る仕組みに変わりました。アメリカドルは金と交換できるので、これを「金ドル本位制」といいます。

しかし、アメリカでも金が足りなくなったので、各国が自国の経済に見合った量の貨幣を発行することにしました。これが現在の「管理通貨制度」です。管理通貨制度では、その国の政治や経済状況が貨幣の価値を決めます。つまり、その国の「信用」によって、その国の貨幣の価値も安定したり不安定になったりするのです。貨幣の価値が下るインフレにも、価値が上がるデフレにも自由自在というわけです。

金価格

金本位制とは「金を通貨の価値基準とする制度」で、各国の金の保有量に応じて通貨の発行量を決める仕組みです。

インフレの防止や為替相場が安定するため貿易を活性化するというメリットがありますが、非常時に柔軟に対応できない、経済成長が停滞するというデメリットもあります。そのため、1929年の世界恐慌以降、ほとんどの国で金本位制度は廃止となり、日本でも金の保有量が少なかったことなどもあり、金本位制から現在の管理通貨制度へと移行しました。

管理通貨制度では、その国の政治や経済状況という「信用」が貨幣の価値基準となり、自国の経済状況に合わせて通貨の発行量を調整することができます。この制度では金の保有量に関係なく通貨量調整ができる反面、インフレを招きやすいという特徴があります。

かつて世界経済の基準とされていた金の価値は現在も衰えることはなく、近年の不安定な社会情勢と連動して価格の高騰が続いています。2024年9月現在、金は

1g＝1万2000円ほどしています。史上空前の高価格です。ここ数十年、プラチナは金より高価格だったのですが、最近完全に逆転して現在ではプラチナの価格は金の半分以下です。

金が下がるか、プラチナが上がるかは知りませんが、そのうち両者の価格は釣り合ってくるのかもしれません。貴金属といえば、金、銀、プラチナですが、銀は他の二種に比べればうんと安く、1g＝147円ほどでしかありません。

●純金

Chapter. 6
金の産出と精錬

SECTION 28

金鉱脈の発見

金は美しい上に価値が高いので多くの人が金を欲しがります。しかし、やみくもに山に行って地面を掘っても金を見つける可能性は0に等しいです。川に行っても同じです。金を見つけるには、それなりのコツがあります。昔から「山師」と呼ばれる一握りの人がいます。その人たちは山で金や銀、水銀などの価値のある金属を見つける技術を身に付けているといわれました。

金鉱脈の発見法

金鉱脈を発見する方法は大きく分けて2つあります。1つは「砂金の採れる川を探す」こと、もう1つは「塩素を多く含む温泉地を探す」ことです。一般に、砂金の多い川で見つかった金は「川金」、山の金銀鉱床で見つかった金は「山金」と呼ばれています。

両者は金鉱石として違いがあるだけで、製錬して純金にしてしまえば完全に同じ金で、何ら違いはありません。塩素の多い温泉地には「浅熱水性金銀鉱床」が潜んでいることが多く、この鉱脈を掘っていくうちに金が発見されることがあります。

①河川での発見

川底の中に砂のように細かい砂金が発見された場合は、上流に金鉱山から風雨などによって削り取られた金が流れ着いたものと考えられます。そのため、川を遡って上流に行けば金鉱脈を発見できる可能性があります。

金は岩石や他の金属に比べて比重が大きく、重いです。そのため、砂金は蛇行している河川の流れの内側や、大きな岩の下、岩盤に根を下している草の根元などに溜まりやすい傾向が見られます。

日本で砂金が見つかりやすい地域は北海道に多く、浜頓別町《はまとんべつ》の「ウソタンナイ砂金採掘公園」、中頓別町《なかとんべつ》の「ペーチャン川砂金堀体験場」、大樹町《たいき》の「カムイコタン公園」などが有名です。

② 温泉と火山での発見

火山活動によって形成された鉱山は、地中から地表に向かって上昇したマグマが、地下水などで冷却されることで形成されます。このようにしてできるのが熱水金銀鉱床です。

熱水金銀鉱床の代表的な例は、2024年7月に世界文化遺産として登録され、歴史的にも有名な新潟県の佐渡金山です。1601年に開山し、佐渡奉行所では金を掘るだけでなく、製錬したうえ、小判の製造までも行われていました。明治になって機械化が進められて拡大発展を遂げた佐渡金山でしたが、資源が枯渇したことにより、1989年に操業休止となりました。

また、熱水金銀鉱床の中でも、浅熱水性鉱床は地表近くに形成されます。そのため、火山に近い温泉地の周辺で発見されることが多いです。浅熱性鉱床の特徴は、金や銀の含有率が高いことです。たとえば、鹿児島の菱刈《ひしかり》鉱山などは浅熱水性鉱床の代表で、1985年に採鉱が始まって以来、現在でも毎年安定した量の金が採掘されています。

選鉱法

金色の鉱物はたくさんあります。黄銅鉱や黄鉄鉱などはよく知られています。金色の鉱物をすべて金だと思って掘り出していたのでは、後の始末がたいへんです。そこで、目の前の金色鉱物が本物の金かどうかを見極める必要があります。簡単には鉱物の結晶形を見ればわかるのですが、中には山崩れなどで、結晶形が壊れているものもあります。

そのような場合に簡単に見極める方法があります。条痕を見るのです。茶碗などの磁器の破片の割れ口のザラザラした部分に鉱石を擦りつけます。すると鉱石の跡がつきます。これを条痕といいます。条痕はほとんどの場合黒くなりますが、たまに金色の場合もあるそうです。

条痕が金色だったらその鉱物は金である可能性があります。喜んでいいでしょう。しかし黒だったら、その可能性はありません。残念ながら他の場所を探すということになります。

SECTION 29

採掘方法

金の鉱脈を発見したら、次にはそれを掘り出さなければなりません。それにはいくつかの方法があります。

金を採掘する方法は、山金と川金とでは異なります。山金の場合には「露頭堀り」「ひ押し掘り」「坑道掘り」などが主流です。鉱山から鉱石を採掘して金を取り出すためには、爆薬を使って山を崩したり、重機を使って大量の土を掘るなど、大掛かりな装置が必要です。

それに対して、川底に溜まった川金を採掘するのは簡単です。浅い鍋のような専用の道具を使って川底の土砂から金を採掘する「比重選鉱」という方法が用いられます。比重選鉱で使用する選鉱鍋は、子どもや女性でも扱えるのが特徴です。日本の金鉱公園で来園者に許可しているのは、すべてこの方法です。運が良ければキラキラ輝く大粒の砂金を手にすることができるので、お客さんに好評だということです。

川金

①選鉱鍋

川金の採掘方法の中でも、もっとも古いのが「選鉱鍋」を使った採掘法です。この方法は、古代エジプトでも用いられていました。砂金の溜まりやすい場所で選鉱鍋を使い、砂金を選別します。選鉱鍋は直径25～40㎝前後の浅い鍋で、素材は木製やスチールなどさまざまで、砂金を選別しやすいように、内側が段々になっているものがほとんどです。これで砂金交じりの砂を救い取り、流水の中で鍋をゆすって、軽い砂を流し去り、残った金を採取します。

②選鉱台

選鉱台は、選鉱鍋の規模を大きくしたような道具で、やはり川金の採取に使用されます。金は比重が大きいという特性を利用して、砂金を含んだ土砂を上部から入れて、水で洗い流すと、含まれている砂金が箱の底に残るという仕組みです。一度に大量の砂を処理することができます。

山金

① 露店掘り

地表からそのまま地下の鉱脈をめがけて土を掘っていく方法です。地下に入り組んだ坑道を掘る必要がないので簡便な方法といえるでしょう。しかし、露天掘りの特徴は、大きな体積の土を堀削しなければならないため、大量の鉱山廃棄物が出ることです。

1tの土砂から採取できる金の量はわずか1gほどですので、坑道を掘る必要がないとはいえ、効率的な金の採掘方法とはいえないでしょう。

●露店掘り

② 水圧掘削法

高圧のホースや流速の大きい水流などを利用して、金鉱脈の側面や崖になっている部分などに水をかけて土砂を崩し、水路に落として金を採掘する方法です。水圧掘削法は「水力採鉱」とも呼ばれており、19世紀半ばにカリフォルニアで開発された方法です。

③ 坑内採鉱法

坑内採鉱法は、金脈があると思われる場所に地表から縦に穴を掘り、そこからさまざまな方角に向けて横に穴を掘っていく方法です。水圧掘削法の代替案として開発されました。

地表に近く、採掘しやすい条件の金は世界中で採掘され尽くしてしまったため、アフリカなどでは地下3000mを超える穴を掘らないと金脈にたどり着けないといわれています。

④ 硬岩探鉱法

硬岩探鉱法は、金が含まれる石英の岩を爆破した後、掘削し、流水を使って金のみを選鉱する方法です。現在、金をもっとも大量に採掘できる方法といわれています。

⑤ 含水爆薬法

含水爆薬は、安全性の高い金の採掘方法として世界中で採用されています。まず採掘場に深さ1・8m～3・5mの孔を40～50箇所程度開け、孔の中に1～2kgの含水爆薬を装填します。この含水爆薬で鉱床を発破し、砕かれた鉱石を回収します。手の平サイズに砕かれた岩石は、選別された後に金を含んだ金鉱石だけが工場に運ばれ、精錬工程の後、純金が取り出される仕組みです。国内の現役鉱山として金を産出し続けている菱刈鉱山でも、含水爆薬による採掘が行われています。

SECTION 30

製錬法

このようにして採掘した金鉱石はまだ純粋な金ではありません。銀や銅ならまだしも、価値の低い金属を含んでいる可能性もあります。そのような金鉱石は安い値段で買いたたかれます。

日本産の金、銀は国際的な純度より低いということで、江戸時代を通じて安い価格で買いたたかれてきた経緯があります。正当な金価格で売るためには不純物を除いて製錬しなければなりません。製錬法には現在、3つの方法がよく知られています。

灰吹き法

歴史的に古くから行われていた方法です。

❶磨り臼や回転臼で粉砕した鉱石を、鉛と一緒に炭火で溶かす

❷この溶かした混合物を、灰が敷かれた鍋の中で熱する
❸溶けた鉛は表面張力が小さいので灰の中に沈み、表面張力の大きい金や銀の液体だけが灰の表面に残る
❹表面に残った金属を採取する

紀元前に確立したといわれる金の純度を高める技術で、日本においては石見銀山で採掘された銀の精錬法として応用されていたといわれています。

作業員は有毒な鉛の蒸気を吸うので、健康を害し長生きはできなかったといいます。平均寿命は30歳程度との話もあります。しかし、そのぶん、給料はよかったといいます。石見銀山の周辺に立派な寺が多いのはそのせいだとの話も伝わっているそうです。

アマルガム法

水銀と金銀交じりの鉱石をまぜて攪拌すると、金や銀だけが水銀に溶けて水銀合金のアマルガム（泥状）となります。これを濾過して溶けなかった岩石部分を除去すれば

金・銀アマルガムだけを得ることができます。これから、水銀を蒸発させて金や銀を取り出す方法です。ただし作業場周辺は水銀で汚染されるので、周辺住民や作業員は、たいへん危険な環境に置かれます。高度な技術設備が不要な方法ですが、電解精錬よりも金を取り出す割合が低いため、現在ではほとんど使われなくなりました。

●アマルガム

青《せい》化《か》法《ほう》

シアン化法ともいい、金を水溶性の錯体に変化させることによって、低品位の金鉱石から金を浸出させる湿式製錬技術です。前章で見たように、金は青酸カリKCNや青酸ソーダNaCN水溶液に錯塩となって溶けます。金を含んだ鉱石をこれらの水溶液に入れて攪拌すると、金だけが溶けます。残った岩石部分を除いて、水溶液部分だけを化学処理すれば金を回収することができます。ただし、生産カリや青酸ソーダは致死量0・2gといわれる猛毒ですから、廃液は厳重に処理しなければ、たいへんな事故を引き起こします。青酸ソーダは猛毒ですが、天然にはほとんど存在せず、すべて工業的に生産します。その量は日本だけで、青酸ソーダ換算で年に3万tも生産されているといいます。その大分部はプラスチックの生産と金の青化法に使われるといいます。

電解精錬

鉱石を溶炉に入れてから銅精鉱とケイ酸鉱、酸素を入れて溶かし、取り出した金混じりの粗銅を硫酸銅の水溶液で電気分解を行い、金を取り出す技術です。金や銀はイオン化しにくく、銅はイオン化しやすいといった特徴を利用した方法です。

電気分解をすると、イオン化しやすい銅はイオン化した後、陰極に引かれて陰極で金属となって陰極に附着します。しかし、イオン化しにくい金、銀は陽極の下に陽極泥として沈澱します。この陽極泥を回収して最後に銀を分離することにより金だけを採取することができます。

SECTION 31

金の産出量

金の大きな特色の1つは希少性です。地殻における金の存在量は少なく、しかも存在する地域は限定されています。

金の埋蔵量

これまで人類が採掘してきた金の総量は約18万tといわれます。金の比重は19・3なので、この量は体積に直すとオリンピックで使用するプールの約3・8杯分の量になります。

金にも化石燃料と同じように可採埋蔵量が計算できますが、それによると20年足らずですから、ほぼ30年といわれる石油や天然ガスより少ないことになります。これは地殻に存在する採掘可能な金の量(埋蔵量)が約5万tに過ぎず、現在は年間約

3000tのペースで採掘されていることから計算されたものです。つまり、このままの状態で採掘が続けば、20年足らずで枯渇してしまうということになります。

しかし、採掘できるかどうかはともかくとして、地球上に存在する金の総量を考えるとそれほど悲観したものでもありません。海水には非常に薄い濃度ではありますが金が含まれています。濃度は薄いですが、海水の量は膨大です。試算によると海水に含まれる金の総量は500万tとも50億tともいわれます。

海水から金を取り出すには、クラウンエーテルという化学物質を使えば可能です。その技術は実験室的には完成の域に達しています。問題はコストです。将来、金の価格が上がり技術革新が進めば、海水から金を取りだすことも実現性を帯びて来るでしょう。

産出量

2017年の世界全体の金産出量は約3150tで、10年前と比べると770tほど増加しています。10年前には南アフリカが世界一の金産出国でしたが、最近は国内情勢や電気供給の不安定化、鉱山施設の老朽化などが原因で減少傾向です。代わって躍り出たのが中国で、2007年から世界最大の金産出国となっていますが、その産出量は年々増加傾向にあります。ちなみに銀の産出量は1位のメキシコに次いで中国が2位になっています。

◆金の産出量(2017年)

・1位 中国……………約440t
・2位 オーストラリア……約300t
・3位 ロシア……………約255t
・4位 アメリカ…………約245t
・5位 カナダ……………約180t

◆銀の産出量

・1位 メキシコ…………4150t
・2位 中国………………3700t

・3位 ペルー……………3414t
・4位 オーストラリア……1725t
・5位 ロシア……………1350t

また、プラチナ産出量が世界一の国は南アフリカです。2011年の総産出量は138tほどで、世界全体の産出量の約4分の3を占めるダントツの1位です。2位はロシアで産出量は24tほどですが、南アフリカとロシアで世界の産出量の約90%を占めているということになります。

都市鉱山

貴金属はどこにあるのでしょうか？ 世界だったら南アフリカや中国やロシアにある鉱山です。昔だったら日本の鉱山、つまり佐渡金山や石見銀山などです。しかし、いま注目されているのは都市のど真ん中にある都市鉱山です。石油や石炭のような化石燃料は、掘り出されたらエネルギー源として燃やされ、二酸化炭素と水として消えてしまいます。つまり、なくなってしまいます。しかし貴金属は、化石燃料と違って消費されてなくなるものではありません。金貨となろうと宝飾品となろうと、あるいは機械電気製品の部品となろうと、なくなってしまうことは決してありません。つまり金は掘り出されたらその分だけ、社会の富として貯蔵され、その在庫量は年々上昇していくのです。

金の用途で一番多いのが宝飾品で、次いで投資用の保存や金地金、コインです。量は少ないですが工業、電器産業にも使われています。パソコンやデジタルカメラなどの電気製品や携帯

●金の用途

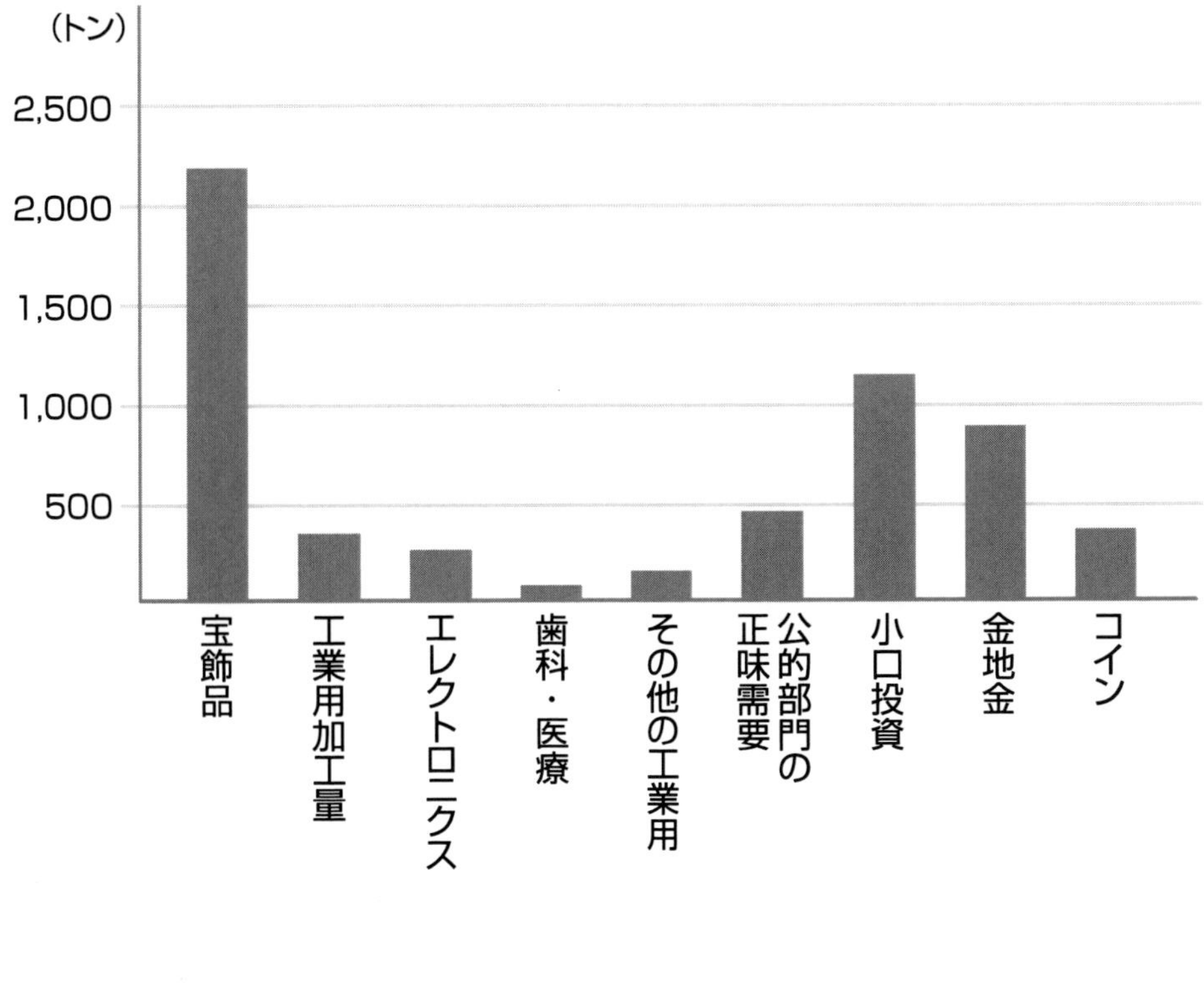

電話の回路基板に施されているメッキには金や銀が含まれています。このように金はなくなることはなく、例え姿を変えても常に家庭や工場に存在し続けます。このような貴金属製品を回収し、精製処理すれば純度の高い貴金属を取り出してリサイクルすることが可能です。1tの金鉱石から採取できる金の量は多くて5gほどなのに対し、携帯電話1tからは約150gもの金が回収できるといいます。2022年の東京オリンピックの金メダルはこのようにして回収された金から作られました。

現在、金の場合、年間需要のうち約1/3量が市場からのリサイクルによってまかなわれています。このような意味で、社会を鉱山と見なすことも可能であり、これを都市鉱山(アーバンマイン)といいます。このように考えると日本は世界有数の資源国家と見なすことができます。下の表は世界と日本の都市鉱山に眠る貴金属の量です。世界中に存在する金のうちなんと16%は日本にあるのです。

●世界と日本の都市鉱山における貴金属の埋蔵量

貴金属	世界の埋蔵量	日本の都市鉱山	比率
金	42000トン	6800トン	約16%
銀	270000トン	60000トン	約22%
白金	71000トン	2500トン	約3%

SECTION 32

金の合金

純金の硬度は2・5です。これは人間の爪の硬度と同じです。純金でネックレスを作ったらどうなるでしょう？　使っているうちに洋服で擦れてしまい、表面が荒れて輝きを失うでしょう。そうならないようにするためには金を硬くしなければなりません。近年、純金に放射線を照射して表面を硬くする技術が開発されたそうですが、簡単には純金に銀や銅など他の金属を混ぜて合金にし、硬度を上げることです。

金合金の種類

金に他の金属を混ぜると、金が硬くなるだけでなく、金の色が微妙に変わります。銀やパラジウムを混ぜると白っぽくなり、最終的にはプラチナのように白いホワイトゴールドになります。

ホワイトゴールドの日本語訳は白金ではありません。白金といったらプラチナPtになります。ホワイトゴールドは日本語で「白色金」というのだそうです。あまり使うことはないような名前ですが、翻訳者も苦労したことでしょう。

金に銅を混ぜると赤っぽくなります。日本人はこの金を「あかきん」といって装飾に使いました。また、インジウムを混ぜると青っぽくなり、「あおきん」と呼ばれました。日本人はこのような色変わりの金を使い分けて巧みな装飾品を作ったのです。

金の品位

金に他の金属をまぜたら、金の純度が下がり

●色別に分けた金合金の種類と成分

金の種類	成分の組み合わせ例
イエローゴールド	金 ― 銀 ― 銅
ピンクゴールド	金 ― 銀 ― 銅 ― パラジウム
グリーンゴールド	金 ― 銀
レッドゴールド	金 ― 銅
パープルゴールド	金 ― アルミニウム
ブルーゴールド	金 ― インジウム、金 ― ガリウム
ホワイトゴールド	金 ― パラジウム ― 銀、 金 ― ニッケル ― 亜鉛 ― 銅
ブラックゴールド	ホワイトゴールドの表面をメッキや着色、酸化等で黒色化

ます。合金における金純度は千分率パーミル（‰）で表すか、一般的にはK（カラット）で表します。これは二十四分率で、純金を24Kとし、50％純度なら12K、18Kなら75％純度というわけです。Kの読み方はカラットで、宝石の重さの単位（Ct、1Ct＝0・2g）と同じです。ちなみに真珠の重さは日本語の重さ単位を使って匁《もんめ》（1匁＝3・75g）で表します。これは明治時代に三重県鳥羽市で真珠の養殖に成功した御木本幸吉氏に敬意を払ってのことだそうです。

金メダル

金といえば気になるのは金メダルです。貰えるか貰えないかではなく、気になるかならないかといったら、やはりオリンピックの金メダルとノーベル賞の金メダルではないでしょうか？

①ノーベル賞

ノーベル賞の受賞時には賞金と共に金メダルが渡されます。しかし1901年の第

1回受賞時にはメダルが間に合わなかったため、第2回からの授与となっています。メダルには表面にアルフレッド・ノーベルの肖像(横顔)と生没年が記されています。

1980年以前のメダルは24Kの純金でしたが、落としただけで曲がったり、傷がつきやすいということもあり、現在では18Kを基材として、24Kでメッキした金メダルが使用されています。重量は約200g(純金分で約150万円)、直径約66㎜です。メダルのレプリカは、受賞者本人が上限を3個として作成してもらうことができます。

賞金は2012年から800万スウェーデン・クローナ(約8900万円)となっています。これをその分野の受賞者が等分します。二人で授賞したら一人約4500万円です。なお、日本においてはノーベル賞の賞金は所得税がかからないことになっています。これは、1949年に湯川秀樹が日本人として初のノーベル賞を受賞した際に、賞金への課税について論争が起こったのを受けて改正されたものだそうです。

② オリンピック

オリンピックのメダルは、大きさや素材、首にかけるリボンの長さまでもが国際オリンピック委員会(IOC)によって細かく指定されています。それによると、メダルの直径はすべて85㎜、重さは金556g、銀550g、銅450gです。素材は金メダル、銀メダルが純度1000分の925銀と指定されており、金メダルは、少なくとも6gの純金で金メッキすることとなっています。

金、銀メダルが共に実質銀製となっている理由は、メダルの種類と素材の違いで、不公平感を出さないためだそうですが、もう1つの理由が、「開催国の負担軽減」です。純金で金メダルを作った場合は1個約200万円の製造費用がかかり、全種目となると数十億円と莫大な費用がかかってしまいます。また、銅メダルの素材は青銅または丹銅です。共に銅と亜鉛の合金ですが、混ぜる割合によって色が変わります。

③ 国体メダル

国体(国民体育大会)でも金・銀・銅メダルが渡されますが、その素材はすべて亜鉛を主体とした亜鉛合金にそれぞれ、金、銀、銅メッキをしたものとなっています。

④ 錫メダル

全米フィギュアースケート競技会の表彰台は4位まであります。そして4位の選手にもメダルが渡されます。何のメダルでしょう？　答えはスズSnです。正確にいうとピューターで、スズに少量の銅やアンチモンを加えた、白い金属です。

日本ではスズといえばお酒の徳利やタンブラーなどお酒用ばかりですが、欧米ではピューター製の食器は普通です。銀食器とは一味違った、温かみと芸術味があります。ピューターは柔らかくて融点が低いので細かい鋳造ができ、人形、フィギュアの製作にもよく用いられます。貴金属、レアメタル以外の金属としては高価で、銅の４倍程度するそうです。貰った人も、銅メダルよりは嬉しいのではと思ってしまいます。

●ピューター製の製品

⑤ 勲章

日本でメダルといえば昔から勲章があります。戦争中は戦意高揚のために無暗に発行されたのでしょうが、最近は聞かなくなりました。大勲位菊花賞や文化勲章など多くの種類があります。政治家の方など、最期はこの勲章の位の高さが気になるのでしょう。戦争中に粗製乱造された勲章は別として、現在の勲章の素材はすべて純銀製です。そこに窪みを付けてエナメルを流し入れ、焼いて固めたもので、七宝といわれる技法でできています。したがって、素材の価値は問題にならないほど少額です。表に描かれた模様で価値が違うだけです。

金食器

日本でも欧米でも、金食器という話はあまり聞きません。銀には殺菌作用があり、毒を見つけたり、消す作用があるという迷信?もありますから、暗殺の流行したルネッサンスの頃には銀食器はよく用いられました。しかし、値段が高いだけで、何の役にも立たなかった金は食器にも使ってもらえなかったのかもしれません。

①純金スプーン

純金スプーンはよく聞きますが用途はただ1つ、キャビアを食べるためだそうです。キャビアはその香りが大事なので、金以外の金属のスプーンではスプーンの匂いが邪魔をして、本当に美味しいキャビアは味わえないということです。王族クラスがキャビアを食べるときはすべて純金のスプーンを用いるそうです。

②金杯・銀杯

日本で食事に用いる貴金属の食器といえば、お酒を飲むときの金杯、銀杯くらいではないでしょうか。金杯、銀杯は以前から、会社などの勤め先を定年退職したときに、お祝いの印としていただいたものでした。しかし無垢なのは銀杯までで、金杯はほとんどの場合、銀杯に金メッキしたものでした。これはオリンピックの金・銀メダルと同じです。

Chapter. 7
日本史と金

SECTION 33

卑弥呼と金印

日本古代史での金製品といえば、日本製ではありませんが、「漢委奴国王印《かんのわのなのこくおういん》」と彫った、通称「卑弥呼の印」と呼ばれる金製の印鑑でしょう。しかし、この印には疑問符もつくようです。

出土

江戸時代の天明４年（１７８４年）に福岡県志賀の島の水田を耕作中に、甚兵衛という地元の百姓が偶然発見したとされるものです。発見者によれば金印は巨石の下に隠された状態で石製の箱形の容器の中に収められていたといいます。すなわち金印は単に土に埋もれていたのではなく、箱入り状態で、巨石の下に隠されていたのです。

当時の学者が調べたところ中国史書の「後漢書」に「建武中元二年、倭奴国、貢を奉じて朝賀す、使人自ら大夫と称す、倭国の極南の界なり、光武、印綬を以て賜う」という記述があることから、後漢の光武帝が建武中元2年（紀元57年）に奴国からの朝賀使へ賜った印がこれに相当するものとされています。

1994年に行った蛍光X線分析によると成分は、金95・1%、銀4・5%、銅0・5%、その他不純物として水銀などが含まれていました。これは、出土している後漢代の他の金製品とも概ね一致しているといいます。

一方、この金印は出土状態（土層、関連遺物の有無など）が不明であるため、それが実際に1世紀に作られ、1世紀に志賀の島に持ってこられて、その後1600年間志賀の島の地中から動かなかったものなのかどうかの検証ができま

●漢委奴国王印

せん。もしかしたら江戸時代になってから誰かが他の場所から持ってきて、志賀の島に隠したのかもしれないのです。後漢時代のものと認定するのは、あくまでも『後漢書』「巻八五　列傳巻七五　東夷傳」の「倭奴國」「倭國」「光武賜以印綬」の記述に当てはまるということだけであり、それによって文化財としての価値がでてくるというものです。

偽造説

この金印は形式、発見の経緯に不自然な点があるとして、中世・近世に偽造された贋作であるとの説が、これまで幾度も唱えられてきました。考古学的にいえば、出土がこれほどまでに不明確なものは本来ならば史料として扱うのは困難だとの説もあります。それが史料として扱われてきたのは、ひとえに「後漢書」の「印綬」がこれであるという認識のみによるのです。

また、印綬の形式が漢の礼制に合わないという意見もあります。その他、次のような異論があります。

①発見地点の付近では、奴国に関する遺構が一切見つかっていない
②発見時の記録にあいまいな点が多い
③江戸時代の技術なら贋作が作れる
④滇王之印に比べると製造技術が稚拙
⑤金印は摩耗が少なく使用された形跡がほとんどない

など、偽作説にやや有利な材料もあるものの、真印と考えた場合の不都合さと、偽印と考えた場合の不都合さを比較すれば、現状真印である可能性のほうが高いという、何やらわかりにくい説明付きで、真印であろうとされています。

SECTION 34

金銘入り鉄剣

古代日本に金製品が少ないのは不思議なほどですが、残っているわずかのものに、剣に彫られた銘文があります。これは青銅や鉄でできた剣(両刃の刀)に彫った窪みに金を埋めた(象嵌した)もので、剣の部分はボロボロに腐食していますが、金の部分だけは残っていて判読できるというものです。正に腐食しないという金の特質によるものです。

七支刀《しちしとう》

鉄製で、剣身の左右に各3本の枝刃を段違いに造り出した特異な形をした国宝の剣です。全長74・8㎝で、下から約3分の1のところで折損しています。剣身の棟には表裏合わせて60余字の銘文が金象嵌で表わされています。

この七支刀は『日本書紀』に神功皇后摂政52年に百済から献上されたとする「七枝刀(ななつさやのたち)」にあたると推測されています。しかも、この銘文は、日本古代史上の絶対年代を明確にする最古の史料とされています。

●七支刀

金錯銘入り鉄剣

西暦471年の古墳時代に作られたという謎の剣です。金錯銘鉄剣《きんさくめいてっけん》や稲荷山古墳出土鉄剣などといわれます。古事記や日本書紀の製作年よりも遥かに古く、現存する日本の歴史を記した資料としては日本最古クラスのものといわれています。

この剣には115文字が刻まれています。この剣が見つかったときは「100年に一度の大発見」といわれました。当時の日本について書かれた資料はまったくといっていいほど存在しないため、国宝の中でもかなり貴重なものといわれています。

SECTION 35

中尊寺金色堂

マルコポーロは「東方見聞録」で日本を「黄金の国ジパング」と呼んでいました。この理由となったのが、現在の岩手県にある中尊寺金色堂だといいます。東方見聞録には「宮殿の屋根はすべて黄金で、通路や床、窓でさえも黄金でできている」と記載されています。実際に、中尊寺金色堂はいたるところに金箔が施されていますが、マルコポーロが日本に立ち寄ったことはなく、当時の日本が中国との貿易で砂金を用いていたことが関係しているといわれています。

金色堂

中尊寺は、岩手県平泉町にある天台宗東北大本山の寺院で、嘉祥3年（850年）、円仁（慈覚大師）によって開かれたといいます。金色堂は中尊寺創建当初の姿を今に伝える建造物で1124年(天治元年)、奥州藤原氏初代の藤原清衡によって建てられました。

金色堂は数ある中尊寺の堂塔の中でもとりわけ意匠が凝らされ、極楽浄土の有様を具体的に表現しようとした清衡公の切実な願いによって、往時の工芸技術が集約された御堂です。

建物の内外に金箔の押された「皆金色《かいこんじき》」といわれる金色堂の内陣部分は、南洋の海からシルクロードを渡ってもたらされた夜光貝を用いた螺鈿細工や象牙、宝石によって飾られています。須弥壇《しゅみだん》の中心の阿弥陀如来は両脇に観音勢至菩薩、六体の地蔵菩薩、持国天、増長天を従えておられ、他に例のない仏像構成となっています。

●金色堂

須弥壇

この中尊寺を造営した初代清衡をはじめとして、二代基衡、源義経を奥州に招きいれた三代秀衡、そして四代泰衡の遺骸は金色の棺に納められ、孔雀のあしらわれた須弥壇のなかに今も安置されています。

仏教美術の円熟期ともいわれる平安時代末期、東北地方の二度にわたる大きな戦い（前九年の役、後三年の役）で家族をなくし、後にその東北地方を治めた清衡が、戦いで亡くなってしまったすべての人々、そして故なくして死んでしまったすべての生き物の魂を極楽浄土に導き、この地方に平和をもたらすべく建立したものと伝えられています。

SECTION 36

金閣寺

金閣寺は、禅宗を起源とする臨済宗相国寺派のお寺で正式名は「鹿苑寺《ろくおんじ》」といいます。しかし境内の黄金に輝く「金閣」という建物が有名だったため、「金閣寺」と呼ばれるようになりました。

歴史

金閣寺の境内一帯は、元々は「西園寺」という貴族が邸宅として所有していました。しかし、鎌倉時代から室町時代にかけて貴族の権力が弱くなり、それに伴い西園寺も土地を手放すことになったのでした。

室町時代である１３９７年に、足利義満が西園寺の邸宅を別荘として立て直した建物が、後の「鹿苑寺」となります。お寺となったのは足利義満の死後で足利義満の遺言によって禅寺となりました。そしてその一部である舎利殿が金閣とよばれるようになったのです。

鹿苑寺が建立された室町時代に栄えた「北山文化」は、貴族と武士・禅の文化が融合した文化ですが、その中でも貴族文化の影響が特に強く現れています。その北山文化の特徴は、金閣に強く現れています。「金閣」と「金閣を中心にした庭園」は極楽浄土を表現したといわれており、当時の人々の美意識を端的に表しています。

鹿苑寺はこれまでに何度か壊滅的な被害を受けました。1467年に「応仁の乱」が勃発し、鹿苑寺の大半が焼失しました。しかし、金閣を含む、いくつかの建物は被害を免れました。また1950年には、鹿苑寺の見習い僧によって放火され、金閣は完全に焼失してしまいました。しかし、詳細に残されていた図面を元に大修理が行われ、1955年に再建されたのでした。

金閣の構造

舎利殿（金閣）は高さ12・5mの3階建てです。舎利殿とは、お釈迦さまの骨を収める1つの容器と考えられている建物です。金閣の屋根頂上部には、金色の鳳凰が輝きますが、鳳凰は永遠の命・権力の象徴であり、争いのない平和な世の中を祈って掲げられたものです。

金閣の中で金色に輝くのは2～3階分部ですが、そこには10・8㎝四方の金箔が、約20万枚貼られています。金箔は作り方によって厚みが異なりますが、創建当初に貼られていたのは普通の厚さである0・9μmでした。しかし焼失後の昭和の再建では5倍の厚さの4・5μmの金箔が貼られています。

●金閣寺

SECTION 37

大判・小判

日本の金といえば誰でも知っているのが大判・小判です。日本では昔から大口の取引には砂金が用いられてきました。戦国時代に入り金山の開発が活発になると、金屋《かねや》という両替商兼金細工師が登場するようになり、練金《ねりきん》あるいは竹流金《たけながしきん》といった金塊を槌で叩き伸ばし、内部まで金でできていることを証明する判金《ばんきん》が登場しました。

この「判」とは品位および量目を保障する墨書《ぼくしょ》(すみがき)および極印《ごくいん》を意味する言葉です。

安土百山時代末期から金貨として作られたのが大判・小判です。しかし、大判は市場に流通する貨幣ではなく、専ら褒賞、贈答用として使われました。それに対して小判は市場に流通する貨幣として使われましたが、価値が高いので大口の取引にのみ使われ、庶民が財布に入れておくような貨幣とは違っていました。

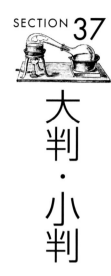

大判

大判とは、16世紀以降の日本において生産された延金《のしきん》（のべきん：槌やローラで薄く広げた金塊）のうち、楕円形で大型のものをいいます。楕円形で表面には全体的に打目が彫られますが、それは米俵の形状、俵目、色彩に由来するとの説や、地金を打ち伸ばすときに槌やたがねによって不可避的に付く打目であるなどの説もあり、明確ではありません。

大判のうち、金貨として規格化されたものは、天正16年（1588年）、豊臣秀吉の命で後藤四郎兵衛家が製造したのが始まりとされます。以後時の権力者の命

●大判

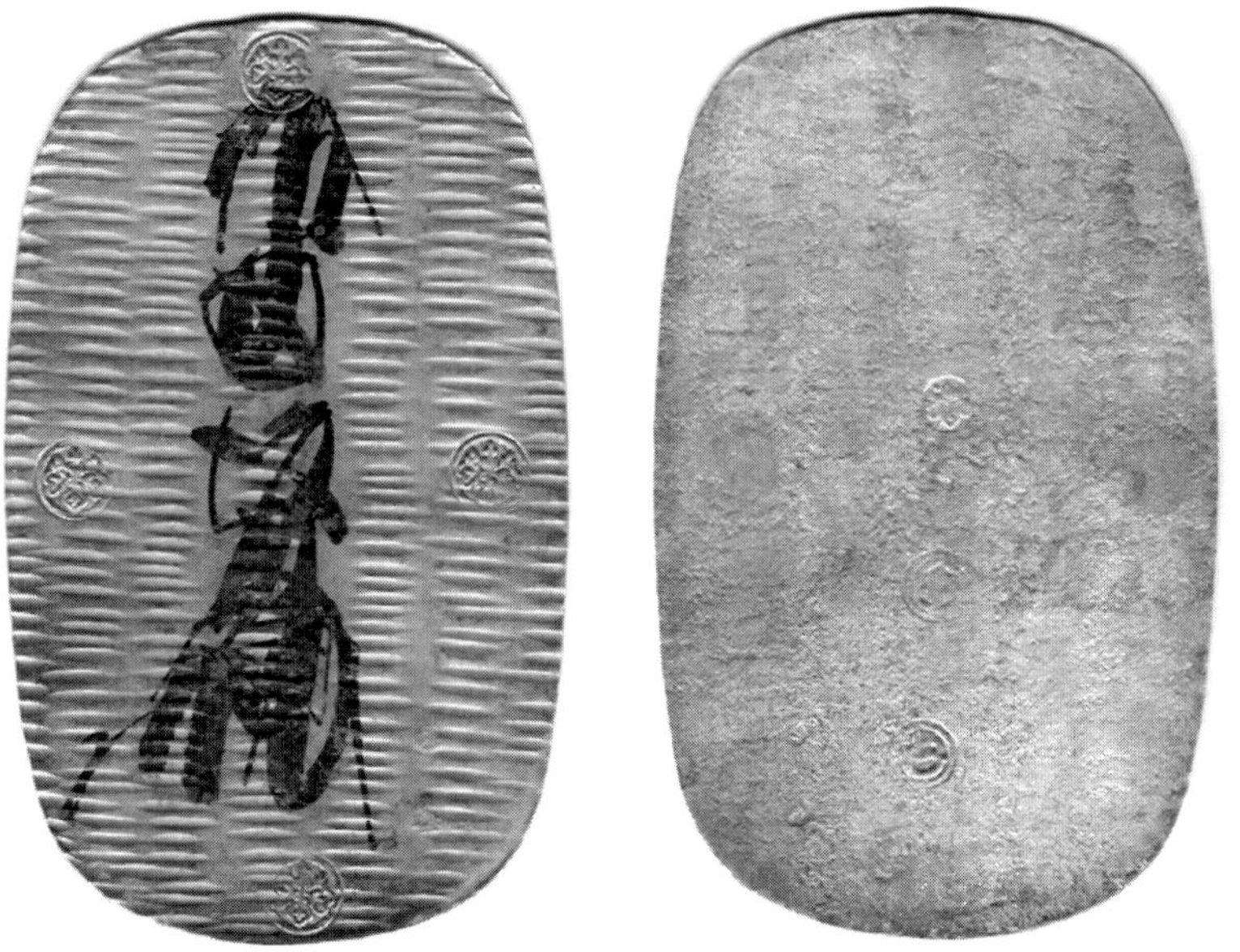

©divetobluemarine

により1862年まで後藤家が製造し続けました。

重さは、万延年間（1860年）以降に製造されたものを除き、京目10両（44匁、約165g）と一貫していた計数貨幣でしたが、その後は品位（純金含有量）が時代により変化したため、秤量貨幣の性質を帯びました。

額面は「金一枚」であり、小判の通貨単位である「両」とは異なり、小判との交換比率は純金量を参考に大判相場が決められました。大判は手作りのため、同種の大判であっても多少の大小があります。

借金など、高額の代金の支払いの場合は金屋において判金を購入して支払いに当てるのが当時のしきたりでした。戦国時代頃の大判一枚は約米四十～五十石に相当したといいます。また戦において功績を挙げた者に対する褒美としても用いられ、江戸時代にもこの伝統が受け継がれ、恩賞、贈答用には「金一枚」を単位とする大判が用いられることになりました。

中でも京都の金細工師である後藤四郎兵衛家に対する信頼は厚く、安土桃山時代には主に豊臣家、江戸時代には必用あるごとに大判座を開設し徳川家の大判の鋳造を請け負いました。

小判

額面は金一両です。これは本来、質量単位としての一両の目方の砂金という意味でしたが、鎌倉時代には金一両は五匁とされました。しかし安土桃山時代には四進法の通貨単位の便宜を図るためか、京目金一両は四匁四分と変化しました。しかし実際の重さはこれと異なり、慶長小判でさえ実際の含有金量は4・0匁強となっています。

また、小判は包封して百両包、五十両包あるいは二十五両包などとして高額取引や献上・贈答用として用いられ、流通過程でも敢えて開封されることはほとんど無かったといいます。特に金座の後藤包が権威あるものとされ、両替商らが為替金などを幕府に納入する際は後藤包であることが要求されました。包封せず裸のまま献上・贈答用として使用できたのは大判のみでした。

改鋳

小判に含まれる金の実際の重さは時代と共に変わります。大判、小判の金比率を変えることを「改鋳《かいちゅう》」、あるいは「吹き替え」といいます。

後世に金銀産出の衰退、幕府の支出拡大による慢性的な財政難の補填のため、時代ごとに、主に改鋳利益を目的として金含有率・量目を改悪することが行われるようになりました。この改鋳は寛永年間頃からの急速な金の産出の衰退、長年の流通による小判の折損、中国などとの貿易取引による多量の金の流出、幕府の出費の増大による財政の逼迫などが理由に挙げられます。また、幕末には、日本国外での金銀比価が日本国内と大きく異なったため、これを是正するため極端に小型の万延小判に改鋳され、インフレーションを引き起こしました。

SECTION 38

名古屋城「金の鯱」

日本の城の天守閣には空想の魚、「鯱」の形をした鯱鉾《しゃちほこ》があります。必ず2匹一対になっていますが、これは雌雄だといいます。鯱は城が火事になると口から水を吐いて火を消すという言い伝えがあることから、火事除けのお守りとして上げるそうです。

外部の人が城を見た場合、一番高いのは天守閣であり、その屋根の一番高い所にあるのが鯱ですから、目立つようにしたいのは人情です。ということで、織田

●名古屋城

信長の安土桃山城以来、鯱を金にした城が作られました。

金の鯱といってもシンコから「金無垢」の鯱を上げた城はありません。費用がかさみすぎて、いくら殿様でも手が出なかったのです。ということで、実態は2通りです。1つは鯱型の瓦に漆を塗って「金箔」を貼ったものであり、もう1つは木製の鯱に「金の板」を貼ったものです。「金箔貼り」は簡単で安上がりですから目立ちたがり屋の殿様だったら誰でもできます。

名古屋城の金の鯱

しかし、「金板張り」となると費用がたいへんであり、実現したのは日本一の大金持ちである徳川家康の「江戸城」と尾張徳川家の「名古屋城」だけだったといいます。しかし江戸城の天守閣はできてまもなく雷にやられて消失し、再建されませんでしたから、事実上、金の鯱を持った城は名古屋城だけだったのです。1612年(慶長17年)名古屋城天守が竣工した当時の金鯱の高さは約2・74mでした。一対で慶長大判1940枚分、純金にして215・3kgの金が使用されたといわれています。純金価格として

２０２４年現在で約25億円ほどですが、これほどの予算で江戸時代を通じて日本中に鳴り響いたのですから、費用対効果は抜群というべきでしょう。

尾張藩の金庫

鯱の鱗は藩財政の悪化により、１７３０年(享保15年)・１８２７年(文政10年)・１８４６年(弘化３年)の３度にわたって金板の改鋳を行って金純度を下げ続けました。そのため、最後には光沢が鈍ってしまい、これを隠すため金の鯱の周りに金網を張り、カモフラージュしました。この金網は、表向きは盗難防

●金の鯱

止や鳥避けのためとされ、1945年の戦災によって焼失するまで取り付けられていました。

金の実態

金の鯱は1871年(明治4年)に政府に献納され、東京の宮内省に納められました。鯱の鱗は何回か盗難に遭いましたが、1937年(昭和12年)に盗難に遭った際、愛知県警察と名古屋市が鱗の鑑定を行いました。それによると、鱗の厚みは意外に薄く、銅の上に紙より薄い金の薄板を張ったもので、鱗によっては葉書二枚ほどの厚みのあるものもありましたが、純金分は非常に少なかったとされています。

空襲

名古屋城の金の鯱は1945年に名古屋大空襲で焼失しました。終戦後、金の鯱は重さ6・6kgの燃えがらになって残りました。創建当初は215kgもあったのがわずか6・6kgに減ったのですから、大部分は火災の熱で蒸発でもしたのかもしれません。燃えがらは進駐軍に接収されましたが、67年に名古屋市に返還されました。市は燃えがらから取り出した約4kgの金から、2つの記念品を作りました。「丸八文様鯱還付真形釜」(金の茶釜)は、高さ22・3cm、直径25・2cm、重さ4・2kgですが、そのうち3・8kgが金です。もう1つは名古屋市旗の冠頭の「メッキ」に使われたそうです。

現在の金の鯱はコンクリート製の現天守が再建された1959年に復元されたもので、再建天守建造のとき、日本国内に数えるほどしか残っていなかった鎚金師であった大阪造幣局職員の手により製造されました。一対に使用された金の重量は88kgで、現在の鯱の大きさは、雄2・62m、雌2・57mとなっています。

SECTION 39

秀吉「黄金の茶室」

豊臣秀吉が作った黄金の茶室は、容易に運搬可能な組み立て式の茶室でした。秀吉が関白に就任した翌年の天正14年（1586年）1月、年頭の参内で御所に運び込まれ、正親町天皇に披露されました。その後、大阪城にありましたが1615年、大坂城が落城するときに焼失したといわれています。

構造

茶室の図面は伝わっていませんが、当時の記録から、壁・天井・柱・障子の腰をすべて金箔張にし、畳表は猩猩緋《しょうじょうひ》（赤）、畳の縁《へり》は萌黄《もえぎ》（青みがかった緑色）地金襴小紋、障子には赤の紋紗（紋織が施された薄手の絹地）が張られていたとされています。

使用にあたっては黄金の台子（茶道具を置くための棚）・皆具《かいぐ》（水指・杓立・建水《けんすい》（水

や湯を棄てるための道具）・蓋置の４つを同一素材（金）・同一意匠で揃えたもの）が置かれたといいます。

評価

千利休が黄金の茶室の制作に関わったかどうか、明確な史料は見当たりません。従来、千利休のわび茶の精神とはまったく異質であり、秀吉の悪趣味が極まったものであるという見方がされてきました。しかし、もともとお茶の精神には、豪奢、華やかさもあったのであり、千利休が制作に関与しなかったはずはないという説もあります。

豪華絢爛な点、権力誇示に使用された点、組立て式である点など、あらゆる点において通常の茶室建築とは一線を画しています。その評価には賛否両論あるものの、数ある茶室の中で、もっとも有名なものの1つです。そのため最近レプリカが作られ、全国に9カ所ほどが知られています。

SECTION 40

日本の金貨の歴史

現物貨幣

日本最古の貨幣は「和同開珎《わどうかいちん》」といわれています。しかし、和同開珎は金貨ではありません。

① 鎌倉時代

日本での金貨の始まりは鎌倉時代ですが、当時はまだ金を加工した鋳造貨幣としては使われていませんでした。未加工の砂金を竹筒や袋に入れて持ち歩き、取引の際に重さを計って使っていたのです。

② 室町時代

室町時代には、明（当時の中国）から貨幣を輸入して使っていました。ポルトガルやスペインと取引を行う南蛮貿易が盛んになると、貨幣の新しい鋳造法が伝わります。これにより全国の大名が鉱山開発を進めて日本国内でも金が産出されるようになりました。その結果、多くの種類の金貨が流通するようになりました。

③安土桃山時代

安土桃山時代になると、豊臣秀吉によって金判が鋳造され経済の統一が行われます。このときに鋳造されたのが、1枚あたり重さ165gもある天正大判です。大名や公家はこの大判を使って取引を行っていました。この天正大判は世界最大の金貨ともいわれています。

④江戸時代

江戸時代には、徳川幕府によって貨幣経済が発展しました。幕府は金銀の貨幣を製造する「金座」「銀座」を作るだけでなく、「両」「分」「朱」という通貨単位を定めて金貨の品質・重量も統一しています。当時流通していた「慶長小判」は金の純度が86％で重さは18gでした。

さらに、徳川家康が貨幣の原料である金の採掘を進めるために、フィリピンから鉱山技師を招きます。これによって日本の産金精錬技術は高まり、より一層金の採掘量が増えました。

金本位制時代

①明治時代

日本銀行(現在の中央銀行)が設置された明治時代には、通貨単位が現在の「円」になりました。当時は、1円・5円・10円・20円などの単位の金貨が造られていて、形もこれまでの小判形から西洋式の通貨に合わせたコイン形になっています。

さらに、明治4年には金融制度の整備も行われました。「新貨条例」が発布されたのを機に、国内で金本位制が敷かれます。同時に、香港の造幣局で用いていた設備を導入し、大阪に造幣局を設置しました。この造幣局は現在でも稼働していて、硬貨の製造や地金の分析、品位証明などが行われています。

② 大正時代

大正時代になると、金本位制が撤廃され不換紙幣が発行されるようになりました。これにより、現物として価値のある金貨や銀貨の発行が停止され、代わって金以外のアルミニウムやニッケル、銅などの金属が貨幣の材料に用いられるようになり、現代の貨幣へとつながっていきます。

③ 昭和以降

昭和時代以降には金貨が流通貨幣として発行されたことはありません。ただし記念貨幣としての発行はあります。そのような場合にも金貨には額面が刻印されていますから、貨幣として使うことはできます。しかし、その金貨を貨幣商に持っていけば額面より高価で買い取ってもらえるので、貨幣として通常取引に使う人はいません。

これまでに日本国内で発行された記念金貨は、天皇陛下即位や在位の記念やオリンピック開催の記念などをはじめ、国家的な行事やイベントなどを中心に発行されています。記念金貨の種類としては、10万円金貨、5万円金貨、1万円金貨の3種類があります。またこうした金貨と銀貨や銅貨とセットしたものも発行され、収集家や一般市民の間で高い人気を誇っています。

世界の金貨の歴史

人間社会で「貨幣」という考えが用いられるようになったのは、古代文明の時代です。古代メソポタミア文明や古代エジプト文明では、家畜や穀物などの物品を通貨として扱う「商品貨幣」が一般的でした。しかしこの場合、大きな家畜も取引の場に持参する必要があります。そこで、文明の発展とともに商品貨幣から、金銀銅を通貨として扱う「鋳造貨幣」へと変わっていきます。

世界最古の金貨は、紀元前670年頃に現在のトルコ周辺で栄えていたリディア王国の「エレクトロン貨」といわれています。このエレクトロン貨は、リディア王国のバクトーロス川で採れる砂金を用いて造られていました。金貨の一種ではありますが、純金ではなくわずかに銀が含まれている自然金を加工した金貨です。

地金型金貨

地金型金貨《じがねがたきんか》は、投資用に発行されている金貨の一種です。「記念金貨」のような収集型金貨が金地金価格よりはるかに高額で売買されるのに対し、地金型金貨では金地金の時価相当分に、少額の上乗せ金を加算した時価で売買されます。この上乗せ金をプレミアムといいます。プレミアムの額は、含まれる金の純分によって決まります。純分1トロイオンス(31・1g)の金貨では5%、1/10トロイオンスでは11%となっています。

近年、地金型金貨として発行されたものには法定通貨としての額面表示と共に、含有する金の量目の表示が刻まれていることが普通です。金貨には法定通貨としての額面が刻印されていますが、額面と量目は必ずしも比例しませんし、額面は金貨の市価と比べて極めて低く設定されているので、実質的な意味はありません。もっとも代表的なメイプルリーフ金貨では、額面は市場価格の10分の1以下です。主な地金型金貨としてはイギリスのブリタニア金貨、オーストリアのウイーン金貨、カナダのメイプルリーフ金貨、アメリカのイーグル金貨、中国のパンダ金貨などがあります。

索引

■著者紹介

齋藤《さいとう》　勝裕《かつひろ》

名古屋工業大学名誉教授、愛知学院大学客員教授。大学に入学以来50年、化学一筋できた超まじめ人間。専門は有機化学から物理化学にわたり、研究テーマは「有機不安定中間体」、「環状付加反応」、「有機光化学」、「有機金属化合物」、「有機電気化学」、「超分子化学」、「有機超伝導体」、「有機半導体」、「有機EL」、「有機色素増感太陽電池」と、気は多い。量子化学から生命化学まで、化学の全領域にわたる。著書に、「SUPERサイエンス 本物を超えるニセモノの科学」「改訂新版 SUPERサイエンス 爆発の仕組みを化学する」「SUPERサイエンス 五感を騙す錯覚の科学」「SUPERサイエンス 糞尿をめぐるエネルギー革命」「SUPERサイエンス 縄文時代驚異の科学」「SUPERサイエンス「電気」という物理現象の不思議な科学」「SUPERサイエンス 「腐る」というすごい科学」「SUPERサイエンス 人類が生み出した「単位」という不思議な世界」「SUPERサイエンス 「水」という物質の不思議な科学」「SUPERサイエンス 大失敗から生まれたすごい科学」「SUPERサイエンス 知られざる温泉の秘密」「SUPERサイエンス 量子化学の世界」「SUPERサイエンス 日本刀の驚くべき技術」「SUPERサイエンス ニセ科学の栄光と挫折」「SUPERサイエンス セラミックス驚異の世界」「SUPERサイエンス 鮮度を保つ漁業の科学」「SUPERサイエンス 人類を脅かす新型コロナウイルス」「SUPERサイエンス 身近に潜む食卓の危険物」「SUPERサイエンス 人類を救う農業の科学」「SUPERサイエンス 貴金属の知られざる科学」「SUPERサイエンス 知られざる金属の不思議」「SUPERサイエンス レアメタル・レアアースの驚くべき能力」「SUPERサイエンス 世界を変える電池の科学」「SUPERサイエンス 意外と知らないお酒の科学」「SUPERサイエンス プラスチック知られざる世界」「SUPERサイエンス 人類が手に入れた地球のエネルギー」「SUPERサイエンス 分子集合体の科学」「SUPERサイエンス 分子マシン驚異の世界」「SUPERサイエンス 火災と消防の科学」「SUPERサイエンス 戦争と平和のテクノロジー」「SUPERサイエンス 「毒」と「薬」の不思議な関係」「SUPERサイエンス 身近に潜む危ない化学反応」「SUPERサイエンス 脳を惑わす薬物とくすり」「サイエンスミステリー 亜澄錬太郎の事件簿1　創られたデータ」「サイエンスミステリー 亜澄錬太郎の事件簿2　殺意の卒業旅行」「サイエンスミステリー 亜澄錬太郎の事件簿3　忘れ得ぬ想い」「サイエンスミステリー 亜澄錬太郎の事件簿4　美貌の行方」「サイエンスミステリー 亜澄錬太郎の事件簿5［新潟編］　撤退の代償」「サイエンスミステリー 亜澄錬太郎の事件簿6［東海編］　捏造の連鎖」「サイエンスミステリー 亜澄錬太郎の事件簿7［東北編］ 呪縛の俳句」「サイエンスミステリー 亜澄錬太郎の事件簿8［九州編］ 偽りの才媛」（C&R研究所）がある。

編集担当：西方洋一 ／ カバーデザイン：秋田勘助（オフィス・エドモント）

目にやさしい大活字
SUPERサイエンス 錬金術をめぐる人類の戦い

2024年10月24日　初版発行

著　者　齋藤勝裕
発行者　池田武人
発行所　株式会社　シーアンドアール研究所
新潟県新潟市北区西名目所 4083-6（〒950-3122）
電話　025-259-4293　FAX　025-258-2801

ISBN978-4-86354-912-8 C0043